2016年　2016（总第14册）

主管单位：中华人民共和国住房和城乡建设部
　　　　　中华人民共和国教育部
主办单位：全国高等学校建筑学学科专业指导委员会
　　　　　全国高等学校建筑学专业教育评估委员会
　　　　　中国建筑学会
　　　　　中国建筑工业出版社
协办单位：清华大学建筑学院　同济大学建筑与城规学院
　　　　　东南大学建筑学院　天津大学建筑学院
　　　　　重庆大学建筑城规学院　哈尔滨工业大学建筑学院
　　　　　西安建筑科技大学建筑学院　华南理工大学建筑学院

顾　　问：（以姓氏笔画为序）
齐　康　关肇邺　李道增　吴良镛　何镜堂　张祖刚　张锦秋
郑时龄　钟训正　彭一刚　鲍家声　戴复东
社　　长：沈元勤
主　　编：仲德崑
执行主编：李　东
主编助理：屠苏南

编辑部
主　　任：李　东
编　　辑：陈海娇
特邀编辑：（以姓氏笔画为序）
王　蔚　王方戟　邓智勇　史永高　冯　江　冯　路　李旭佳
张　斌　顾红男　郭红雨　黄　瓴　黄　勇　萧红颜　谭刚毅
魏泽松　魏皓严
装帧设计：编辑部
平面设计：边　琨
营销编辑：柳　涛
版式制作：北京嘉泰利德公司制版

编委会主任：仲德崑　秦佑国　周　畅　沈元勤
编委会委员：（以姓氏笔画为序）
丁沃沃　马清运　王　竹　王伯伟　王建国　王洪礼　毛　刚
孔宇航　吕　舟　吕品晶　朱　玲　朱小地　朱文一　仲德崑
刘加平　刘　甦　刘　塨　刘克成　庄惟敏　关瑞明　杜春兰
孙一民　孙　澄　李子萍　李兴钢　李　早　李岳岩　李保峰
李振宇　李晓峰　时　匡　吴长福　吴庆洲　吴志强　吴英凡
沈　迪　沈中伟　张　颀　张玉坤　张成龙　张兴国　张　利
张　彤　张伶伶　张珊珊　陈　薇　陈伯超　邵韦平　范　悦
周　畅　周若祁　单　军　孟建民　赵　辰　赵万民　赵红红
饶小军　秦佑国　桂学文　夏铸九　顾大庆　徐　雷　徐行川
徐洪澎　凌世德　唐玉恩　黄　耘　黄　薇　曹亮功　龚　恺
常　青　常志刚　崔　愷　梅洪元　梁　雪　梁应添　韩冬青
覃　力　曾　坚　潘国泰　魏宏杨　魏春雨
海外编委：张永和　赖德霖（美）　黄绯斐（德）　王才强（新）　何晓昕（英）

编　　辑：《中国建筑教育》编辑部
地　　址：北京海淀区三里河路9号　中国建筑工业出版社　邮编：100037
电　　话：010-58337043　010-58337110
传　　真：010-58337053
投稿邮箱：2822667140@qq.com

出　　版：中国建筑工业出版社
发　　行：中国建筑工业出版社
法律顾问：唐　玮

CHINA ARCHITECTURAL EDUCATION
Consultants:
Qi Kang　Guan Zhaoye　Li Daozeng　Wu Liangyong　He Jingtang
Zhang Zugang　Zhang Jinqiu　Zheng Shiling　Zhong Xunzheng
Peng Yigang　Bao Jiasheng　Dai Fudong
President:
Shen Yuanqin
Editor-in-Chief:
Zhong Dekun
Deputy Editor-in-Chief:
Li Dong
Director:
Zhong Dekun　Qin Youguo　Zhou Chang　Shen Yuanqin
Editoral Staff:
Chen Haijiao
Sponsor:
China Architecture & Building Press

图书在版编目（CIP）数据

中国建筑教育.2016.总第14册/《中国建筑教育》编辑部编著.—北京：中国建筑工业出版社，2016.5

ISBN 978-7-112-19749-1

Ⅰ.①中… Ⅱ.①中… Ⅲ.①建筑学-教育-研究-中国　Ⅳ.①TU-4

中国版本图书馆CIP数据核字（2016）第210886号

开本：880×1230毫米　1/16　印张：$7^1/_4$
2016年6月第一版　2016年6月第一次印刷
定价：**25.00**元
ISBN 978-7-112-19749-1
（29310）

中国建筑工业出版社出版、发行（北京西郊百万庄）
各地新华书店、建筑书店经销
北京画中画印刷有限公司印刷
本社网址：http://www.cabp.com.cn　中国建筑书店：http://www.china-building.com.cn
本社淘宝天猫商城：http://zgjzgycbs.tmall.com　博库书城：http://www.bookuu.com
请关注《中国建筑教育》新浪官方微博：@中国建筑教育_编辑部
请关注微信公众号：《中国建筑教育》

版权所有　翻印必究
如有印装质量问题，可寄本社退换
（邮政编码 100037）

版权声明
凡投稿一经《中国建筑教育》刊登，视为作者同意将其作品文本以及图片的版权独家授予本出版单位使用。《中国建筑教育》有权将所刊内容收入期刊数据库，有权自行汇编作品内容，有权行使作品的信息网络传播权及数字出版权，有权代表作者授权第三方使用作品。作者不得再许可其他人行使上述权利。

CHINA
ARCHITEC-
TURAL
EDUCATION
目录

CONTENTS

专辑前言

过去这三十余年是中国建筑教育最火爆的三十年。建筑学在各大高校中长期垄断着录取最高分，城乡规划、风景园林也不甘示弱，成为历年考生报考的热门专业。随着中国经济的快速增长，城乡建设事业一片繁荣，大批用人单位随着业务量的急剧扩张，疯抢着各大高校的建筑类毕业生。然而，随着这两年的经济下行及房地产泡沫的破裂，各校建筑学院的门口不再挤满用人单位的招聘广告，有些人心怀侥幸地期许这只是政策性的行业收缩，但也有人看到了本质：三十多年的高速城镇化进程，我国的“空间城镇化水平”已远高于“人的城镇化水平”，以房地产为主导的空间生产的“量”已远大于实际需求，这必然导致培养空间生产人才的建筑类专业受到市场冷落。这其实是“常态”，是城镇化的必然规律。增量时代对专业人才井喷式的需求必将回落，存量时代对专业人才的“知识－素质－能力”结构的需求必将发生一系列变化。

“改革”是今天这个时代绕不开的一个词汇，无论是为了应对当前的行业危机，还是基于这几个专业必须与时俱进服务于人类社会不同发展阶段的不同需求的根本属性；“改革”这个词汇也偶尔让我们感到担忧，时常呈现出忘却根本、追逐潮流、急功近利的“表皮美化运动”，一如今天“生态”、“低碳”、“智慧”、“海绵”、“特色”……词汇翻飞，似乎为城乡找到了革命性的新出路，但其实这些概念本就是城乡规划原理的基本内容。在今天这个时代，中国建筑教育的确需要改革，但改什么，怎么改，这是需要教育界深思的问题。

西安建筑科技大学的建筑教育源于1928年梁思成在东北大学创办的建筑系，1956年转至西安后伴随着国家的政治、社会环境变迁几经沉浮，至改革开放后方得到了健康的发展，并陆续开办了城乡规划、风景园林专业。常常有人不解：作为一所地处西北一隅的普通院校，在经济社会发展滞后、地域劣势突出、人才引进困难的种种不利条件下，为何西安建筑科技大学的建筑教育还始终能够保持在全国前列？究其原因，笔者认为主要有三。一是注重传承：始终以培养学生扎实的基本功为底线，注重专业教育中的工程、技术能力培养。二是扎根地域：西北地区脆弱的生态环境、多元的民族文化、深厚的历史底蕴为建筑教育提供了最生动鲜活的背景。三是人文关怀：关注城乡贫困群体，在专业教育中践行“以人为本”的基本理念。改革总是要做的，但不是追随时尚的概念、口号而做的改革，而多是基于不断发展变化的社会需求、不同时代的学生特点等进行的教学方法、手段的调整、优化，其目的是为了让学生更有效地掌握专业知识，并促使学生对城乡人居环境展开深度的思考。这个专辑的十余篇文章出自近期在教学一线的教师之手，反映了西安建筑科技大学的建筑教育在传承办学历史的主线上基于当前社会发展的一些思考，仅供兄弟院校的同仁们参考、指正。

段德罡

坚守一隅　心怀天下

——西安建筑科技大学建筑学院专业教学及管理简况

段德罡　袁龙飞

Rooting Local, Serving World
——School of Architecture Professional Feaching and General Management in Xi'an University of Architecture and Technology

■摘要：文章简要介绍了西安建筑科技大学建筑学院建筑学、城乡规划、风景园林专业的办学历史及概况，阐述了在相对匮乏的办学资源条件下，建筑学院各专业立足本土特色探索高质量专业人才培养模式的历程；基于学校特征及专业办学目标，建筑学院明确了以"内保底线、外拓交流、鼓励创新、竞争机制"的教学管理主线，有效提升了专业教育教学的质量；在我国城镇化发展进入减速期、行业面临转型的当口，专业教学及教学管理也适时进行了调整，通过人才培养方案的修订与完善，确保人才培养目标符合新时期城乡建设事业的要求。

■关键词：西安建筑科技大学建筑学院　专业教育　教学管理　时代应对

Abstract: This paper briefly introduces the history of the School of Architecture, Xi' an University of Architecture and Technology, running architecture, urban planning, landscape architecture with the general situation. It also elaborates the School of Architecture exploring progress on the mode of cultivating high quality talents that standing in regional authenticity through relative scarcity of educational resources. On account of local characteristics and education target orientation, the School of Architecture claims the teaching management principle as "to defend the bottom line inwards, to extend of communication outwards, to encourage innovation, and nurturing competition mechanism", which effectively enhances the education quality. Adjust to the period of decelerating time of China' s urbanization and the transition point of design industry, professional teaching and teaching management have been reforming in aspect of personnel cultivating program to ensure graduates in line with the requirements of the new era of urban and rural construction.

Key words: the School of Architecture in Xi' an University of Architecture and Technology; Professional Education; Teaching Management; Epoch Replying

西安建筑科技大学是我国土建类著名的老八校之一，办学历史悠久，积淀深厚。追本溯源，建筑学院源自两脉——北脉始于由梁思成先生 1928 年创建的东北大学建筑系；南脉源于 1921 年创建的苏南工业专科学校建筑科。两校培养了中国第一代“本土建筑师”，共同开创了中国现代建筑教育的先河。1956 年根据国家高等院校调整方案，两校的建筑系（科）合并迁往西安，先后为西安建筑工程学院建筑系、西安冶金建筑学院建筑系，后于 1996 年更名为西安建筑科技大学建筑学院。目前，建筑学院设有建筑学（1956）、城乡规划（1986）、风景园林（2008）3 个本科专业。

一、办学概况

建筑学院结合国家对高层次建设人才的需求，致力于培养具有高度责任感、良好理论素养和实践能力的建筑学、城乡规划、风景园林等专业的设计、教学、科研及管理人才，学生培养质量广受好评。建筑学专业于 1994 年首次以优秀级通过全国高等学校建筑学专业教育评估，迄今已三次以优秀级通过复评；城乡规划专业于 2000 年首次以优秀级通过高等学校城市规划专业评估，迄今已两次以优秀级通过复评；风景园林专业自 2008 年正式开办本科专业以来，依托于多年的景观专门化教学实践，其办学水平一直保持国内前列。目前，建筑学、城市规划专业均为国家级特色专业、陕西省名牌专业；建筑学专业 2010 年获准加入国家首批卓越工程师教育培养计划；城乡规划专业于 2012 年获批国家级专业综合改革试点。多年来，三个专业均有多项教学成果获得国家级和省级教学成果奖。

基于深厚的办学积淀，在并校近六十年来几代专业教师的共同努力下，建筑学院扎根西北，对地域自然环境、人文环境建立了独到的见解，对“以人为本”的专业基点形成了全面的认识，深刻影响了一代代学生的价值观与专业思维。学生也因此受益匪浅，在国内外设计竞赛中屡获佳绩，尤其在国际建协（UIA）举办的全球大学生建筑设计竞赛中，连续获奖，并在 1984 年获得最高奖——联合国教科文组织奖，2014 年包揽了第 25 届 UIA 竞赛的前两名，为中国学生在世界上赢得了极大的声誉。

二、办学特色

2.1 办学理念

西安建大所处西北地区地域广阔，历史悠久，民族众多，文化积淀深厚。特殊的地理区位，使我校在西部城乡建设人才培养方面，承担着重要的使命和责任。为此，在坚持遵循专业教育规律的基础上，注重加强关于西北社会、经济、文化和生态可持续发展等方面的课程内容，并贯穿于专业教学的系列课程及其各个环节。秉持“厚基础，宽口径，高素质，强能力”的指导思想，确立“以人为本，尊重自然，承启历史，回应时代，立足地域，回归本原”的办学理念。

2.2 办学氛围

西安建筑科技大学所处的陕西省是“教育大省、经济穷省”，西安建大自 20 世纪 90 年代被划归省管以来，由于外部条件所限，建筑学院一直在探索办学经费短缺、引进人才困难条件下的办学路径，其核心是在有限资源条件下实现最佳教学效果。“场效应”便是探索的重要成果之一，即在最小资金投入下，发挥设计的价值，有效整合空间，创造自由的、有助于思想碰撞、不同个体间交流的“大建筑教育空间”，包括同时可以承载展示、研讨、交流、自习的建筑广场，收藏大量经典古建模型、老建筑构建及秦砖汉瓦的建筑博物馆，容纳不同年级、班级的开放教室，永不关门的“自由空间”及资料室、报告厅等室内空间；也利用教学楼周边用地设置了“东楼花园”、“南门花园”等风景园林专业实验教学空间以及其他一些室外教学、交流空间。一时间，西安建筑科技大学建筑学院所创造的自由、开放、多元、包容的教育教学氛围为建筑教育界所瞩目。

2.3 人才品质

并校 60 年来，学校扎根祖国西部，铸就了“传承文明、开创未来、育材兴国、科技富民”的办学宗旨，凝练了“自强、笃实、求源、创新”的校训，树立了“为人诚实、基础扎实、作风朴实、工作踏实”的优良校风，造就了建筑学院三专业学生“责任感强、善于合作、注重团队精神；基本功扎实、工程技术意识强；注重地域性、人文性，设计能力突出”等基本特征，毕业生一直以来受到用人单位的普遍好评。

三、教学管理

教学管理是确保专业教育质量的基础前提。建筑学院的教学管理除一般性教学运行管理（包括制订课程教学大纲、课堂教学环节、实践教学环节、教学研究训练的组织与管理；日常教学管理、学籍管理、教师工作管理、教学资源管理、教学档案管理；教学事故认定与处理等）外，还针对建筑学院师生特点展开了一系列特色工作，如：编印《教师工作手册》、《学生手册》，对师生教学、学习以起到敦促、提醒、警示作用；推动三个专业教学工作委员会的工作顺利展开；定期编写《教学简报》，针对当前的教学工作进行总结，对取得的教学成果及存在的教学问题进行通报等。

建筑学院在进入新世纪后，按照学校的发展规划，招生规模增长迅速（目前建筑学专业招生规模：5 个班 150 人，城乡规划专业招生规模：3 个班 90 人，风景园林专业招生规模：2 个班 60 人），为满足教学要求，教师队伍也在快速壮大，35 岁以下青年教师占比超过 50%，过去由老教师“传帮带”的青年教师培养机制已经不符合新时期的要求，因此，建筑学院制定了一系列教学管理制度来培养青年教师，保证教学质量。

3.1 内保底线

教学质量直接关系到学院的前途和命运，提高教育教学质量是高等教育永恒的追求。建筑学院通过以下措施来确保教学质量：

（1）制定《建筑学院教学督导组工作条例》，邀请学校督导组成员及学院老教师共同组成建筑学院督导组，对课程教学进行全程监控，明确督导参与听课、教学检查、教学评价、教学评优等工作职责，确保课堂教学质量；

（2）实施《青年教师教学技能考核办法》，提升备课质量。学院要求教研室要组织安排青年教师利用假期全面展开课前准备，设计课教师要进行课题试做及例图绘制，理论课教师要进行教案编写、课件制作并及时进行教学内容更新。开学第一天要提交备课材料并由督导组组织评优评差，不合格者须重做提交；

（3）出台《建筑学院课程调整及请假制度管理规定》、《教研室工作职责》、《建筑学院实习工作管理办法》等系列规章制度，加强教风建设，使教师在各类教学过程中有章可依、有规可循；

（4）注重课堂教学质量的学生反馈，定期召开学生座谈会了解各门课程的教学情况，同时结合学校教务系统的网上评教结果，对优秀教师予以表彰，对教学效果不佳的课程及教师责令整改。

3.2 外拓交流

随着学院教学条件的逐步改善，近年来学院进一步明确了“开门办学”的工作方针，在继续加强“内功”建设的同时扩大对外交流的频次和深度，坚持“请进来”与“走出去”相结合，跟踪国际前沿，积极学习与借鉴先进的专业教育经验。

（1）坚持多层面、多渠道地与国外高水平建筑类院校进行交流与合作，目前已展开中－挪、中－法、中－美、中－波、中－韩等联合设计教学或工作坊，与多所大学及学术团体、学术组织保持了长久的教学及科研合作。

（2）重视与国内高水平大学、特色院校建立毕业设计联盟，在有一定竞争的前提下取长补短，相互促进，创造了各校间师生交流、互动的平台，丰富了毕业设计选题的地域及类型，极大提高了毕业设计的教学质量（表 1）。

建筑学院联合毕业设计情况一览表 表 1

毕业设计联盟名称	参加学校
中国城市规划学会六校联合毕业设计	清华大学、同济大学、天津大学、东南大学、重庆大学、西安建筑科技大学
UC4 四校三专业毕业设计	重庆大学、华南理工大学、哈尔滨工业大学、西安建筑科技大学
四校三专业（乡村规划设计）联合毕业设计	华中科技大学、昆明理工大学、青岛理工大学、西安建筑科技大学
西部四校三专业联合毕业设计	西南交通大学、昆明理工大学、四川大学、西安建筑科技大学
城市规划 7 ＋ 1 联合毕业设计	北京建筑大学、苏州科技大学、山东建筑大学、福建工程学院、安徽建筑大学、浙江工业大学、西安建筑科技大学＋主办学校所在地规划设计研究院

（3）按计划派出中青年骨干教师前往国内外高水平大学进行访问与交流；鼓励并资助教师积极参与和组织各类型的学术会议，发出西部（大）建筑教育的声音。近年来，我校教师参加各专业教学会议的人数、提交论文数、宣读论文数居全国前列，有效提高了教师进行教学研究、教学交流的热情。

（4）结合卓越计划，与国内优秀企业联合设置工程实践中心、实习基地，打造校企联合教学平台；三专业所有设计课程在结课时均展开课程答辩，邀请业界精英主持课程答辩，使学生、教师清晰认识到企业的需求，将行业发展的最新动态及时传递到学校教育中；每年年终邀请毕业二十年的优秀校友返校进行建筑学院年度十佳作业评选，既是校友联谊，也是一次深度的校企间关于专业教学的交流活动。

3.3 鼓励创新

基于建筑学、城乡规划学、风景园林学学科在不同发展阶段面对的社会现实问题、不同利益诉求群体的价值诉求的差异、不同时代的教育客体（学生）的变化等，专业教学必须追求不断创新，与时俱进。

（1）争取学校与相关院系的支持，确保建筑学院各专业可以根据自身特点及要求灵活设置课程、安排学时；强化设计基础课程、设计课程在专业教育中的核心地位，教学组根据教学内容、训练要求与学生的接受能力按不同时段提出学时要求后，公共基础课、理论课再进行灵活安排。

（2）鼓励在前期充分研讨、论证的基础上对人才培养方案的多轨并举，以适应社会经济飞速发展时期社会对专业人才培养需求的变化。近些年建筑学院结合三个一级学科设置的背景，在各专业不断推进教学改革，提出“独立学科背景下应有独立的专业基础教育”的基本判断，鼓励各专业教学要引领学生触摸专业的疆界。在多年实践中各专业教学取得了系列教学成果，吸引了大量兄弟院校的关注，也引发了大家对于我校专业教学改革的持续讨论，对建筑学院不断完善专业教育起到了很好的作用。

（3）鼓励不同教学小组在具体课程教学中对教学理念、方法、手段方面不断创新，注重对学生综合素质培育和实践能力培养，培养学生观察世界的敏感，养成记录的习惯，勤于动手、动脚、动心，有自己观察、思考和记录生活的方式，结合学生的认知规律，针对性的制定各门课程的课程框架和授课内容。

（4）通过专业热点＋国际竞赛的选题机制、studio+workshop 的教学机制等，灵活教学安排，引入国内外高水平师资阶段性介入教学，调动和激发学生的积极性和创造性，实现学生从低年级的基础学习到专业学习的飞跃，全面培养学生从分析问题所需要的综合素质到解决问题所需要的实践能力，确立学生坚实的专业功底和创新思维基础。

3.4 竞争机制

为了避免教师在教学中产生惰性导致教学效果不佳的情况，同时也是为了最大程度地激发教师和学生的主观能动性，使教师的特长得以发挥，学生的潜力得到开发，建筑学院将“公平竞争、优胜劣汰”的法则引入到教学过程之中。

（1）在中高年级全面实行 STUDIO 挂牌教学模式。在明确各学期教学目标的基础上，四年级设计类课程教学全面开放，即任何一名专业教师都有权申报承担 STUDIO 课程。教师选择合适的课题，在专业教学工作委员会把关之后向学生挂牌，允许招收 7 ～ 10 名学生开展教学，进而师生互选，在多轮选择后，无人报名或报名人数少于 7 人的课题将被取消。竞争机制的引入，使得教师必须不断提高自己的教学质量，选择有竞争力的课题以确保获得展开教学的机会；对于学生，不同的课题提供了充分的选择机会，有助于激发学生的学习兴趣。

（2）毕业设计系列课程教学改革。第九学期学生往往需要花费大量的时间准备考研、出国、应聘等，各校一般都在这个阶段安排专业实践类课程，但也往往因为难于管理使实践类课程的教学质量难以保障。建筑学院在多年探索后，将业务实践、毕业实习、毕业设计课程打包，统一交由毕业设计指导教师指导完成。同 STUDIO 教学一致，毕业设计也须在学生大四课程结束前进行挂牌供学生选择，且要求每位教师指导人数不得多于 6 人，以确保打包的三门课程的教学质量。

（3）在一些有条件的理论课程如《公共建筑原理》已初步展开挂牌教学，时机成熟时将陆续扩展到主要的专业理论课程。

四、时代应对

我国城乡建设经历了改革开放以来的快速发展期后，由于空间过度扩张，导致近年来新增建设量大幅减少，建筑行业现状呈现出下行趋势，社会经济进入了一个低速增长的阶段，伴随而来的是用人单位对建筑类院校毕业生需求量的锐减，部分企业甚至已开始出现下岗分流。从高考招生来看，建筑类专业已经“走下神坛”，对优秀生源的吸引力也开始呈现下降趋势。对于专业教育来说，这不见得是坏事——离开的终将是功利者，留下的才是真正热爱这几个专业的人。

行业危机面前，我们不仅需要面对困局，更要看到其中所蕴含的机会。在中国疯狂城镇化进程之后，当前行业萧条的背景下，以房地产为核心的旧有业务板块的倒塌正孕育着行业的新生——从最初的"粗放型城市建设"逐渐转变为追求品质提升的城乡人居环境建设。化解当前存在的"人才供需矛盾"，唯有进行建筑教育的"供给侧改革"。应对转型期，建筑学院将从以下几方面调整专业教学和教学管理思路：

（1）建立以满足本科专业国家标准、行业标准、国际标准和卓越标准为特征的专业内涵发展平台，主动适应国家经济社会"创新驱动、转型发展"对创新性应用型人才知识、素质和能力的要求，不断探索行业细分市场的需求，注重可预期的未来市场的认知教育，邀请企业精英、行业专家参与研究和制定培养目标、教学计划和教学内容，制定出适应新科技、新产业、新业态的发展的人才培养方案。

（2）注重人才的综合素质培养，实现选修课的横向和纵向双拉通。横向拉通即在三个专业之间实现部分课程（限量）的互选互认，可以使学生可根据自身兴趣和专业课程学习的需要灵活选择，为进一步拓展学生专业学习，适应未来多元发展奠定基础；纵向拉通选修课可以使学生根据学习状态和课程要求，跨年级选择课程，为实现完全学分制和弹性学制奠定坚实的基础。由此实现由"技能教育"到"素质教育"、从"功利教育"到"兴趣教育"的转型。

（3）加强通识教育和专业教育融通。通识教育从根本上说，强调的是个人的全面发展，以人为本，专业教育强调的是人的专一发展。深化培养学生的人文精神与审美修养、创新能力与企业家精神等核心内涵的课程改革，促进通识教育、专业教育与创新创业教育的有机融合，促进学科交叉，促进思想理论、学科前沿和未来技术的创新，提升教师创新创业教育能力。借助三个一级学科的综合优势，积极开展交叉学科创新人才培养，通过各个不同研究视角、不同思维方法的相互碰撞，借助部分高年级STUDIO课程的互选及毕业设计课题的联合教学，强化学生对三个专业"同一个原则——以人为本，同一个目标——城乡人居环境"的认识，打破思维定式，培养跨学科整合创新能力。

五、结语

自并校六十年来，西安建筑科技大学建筑学院扎根西北，立足于西北地域特征，经过一代代教师的努力，明确了"西部生态脆弱地区人居环境"、"历史文化遗产保护"、"贫困群体人居环境"的三大研究领域，并以此为平台发展了建筑学、城乡规划、风景园林专业教育。正是基于西北一隅的自然与人文环境特征，建筑学院的专业教育注重培养学生在城乡人居环境规划、设计、建设中珍惜自然、关爱生命、尊重文化、注重传统并努力践行以人为本的专业价值观，使学生深刻理解在不同国度、不同文化、不同自然环境特征的行业工作中专业的基点始终在于对"人"及"人的幸福"的理解，目标在于对理想人居环境的不懈追求，而专业技能、经济技术无一不为该目标服务。建筑学院将会秉持一如既往的教学理念，为中国、为世界培养有责任、有情怀的优秀专业人才。

参考文献：

[1] 闫克石．关于建筑专业人才培养及市场需求的调研与分析[J]．建筑设计，2014.9.
[2] 林蕙青．一流大学要办好一流本科教育[N]．光明日报，2016年05月17日（13版）．
[3] 李淑玲．论高等院校土木建筑类专业应用型人才的培养途径[J]．理论观察，2015.8:136–137.
[4] 常青．同济建筑学教育的改革动向[J]．时代建筑，2004.6:34–37.
[5] 安平，张勃．全球化背景下的建筑学暑期国际联合教学[J]．华中建筑，2015.7:171–174.
[6] 王开泳，董玛力．对我国近年来城市规划与建设的反思[J]．城市发展研究，2012.4:34–38.
[7] 杨雅坤．高校本科教学管理的人本化问题研究[D]．吉林大学，2004.
[8] 洪早清．创新教育背景下高校的教学管理研究[D]．华中师范大学，2002.
[9] 西安建筑科技大学建筑学院建筑学专业自评报告2013.
[10] 西安建筑科技大学建筑学院城市规划专业自评报告2012.

作者：段德罡，西安建筑科技大学建筑学院 教学副院长，教授；袁龙飞，西安建筑科技大学建筑学院 教学办公室主任

自在具足　心意呈现

——以建筑学认知规律为线索的教学体系改革

王璐　刘克成　王毛真　刘宗刚

I have all I need, I design from My Heart
——Experimental Teaching Following the Cognitive Rule of Architecture

■摘要："以建筑学认知规律为线索的教学体系改革"是西安建筑科技大学基于建筑学本科教学，由一年级至四年级进行的一次系统性课程改革，2015 年该课程改革教学成果荣获了陕西省本科教育教学成果一等奖。本文以介绍西安建筑科技大学建筑学专业基础课程改革为内容，以诠释"自在具足、心意呈现"的启智教育为核心，梳理更加符合建筑学专业认知规律的教学框架，初步总结更加符合建筑学专业认知规律的教学内容与方法。

■关键词：建筑教育　教学改革　教学内容　教学方法

Abstract: Experimental teaching following the cognitive rule of architecture, which hold in Xian University of Architecture and Technology, is a systematic teaching innovation from the first year study to the fourth year. It win the FIRST Prize in Shaanxi undergraduate education and teaching achievements appraise and elect. The article introducing the content of the teaching innovation, interpreting the teaching kernel as "I have all I need, I design from my heart", Carding the teaching frame which according more to the cognitive rule of architecture, and preliminary summarizing the teaching content and methods.

Key words: Architecture Education; Teaching Innovation; Teaching Content; Teaching Methods

一、建筑教育的演进

中国建筑学教育一直是一个老生常谈的问题，中国的现代建筑教育更是一个全盘西化的过程，在这个过程中，我们经历了第一时间的"拿来主义"，这个"拿来"波及颇深以致其影响一直持续到今天。自 1928 年梁思成先生创立中国第一所现代建筑系——东北大学建筑系以来，中国建筑教育先是追随法国巴黎美术学院的"布扎"体系，这种学院派的基础训练强调的是将建筑作为一种造型手段的基本表现能力，顽固地将建筑视为"形式风格"的产物，简单地来说是把基础教育定性为形式主义表达能力的培养。造型和模仿不自觉地成为中国建筑教育在特定时期的主流话语。之后的80、90年代，由于改革开放的促进，国外新的设计教学法被大量带回国内，使得各个学校的设计教学表现出不同的倾向，并开始动摇瓦解“布扎”体系。比如最具代表性的“包豪斯”建筑教育体系传入中国,源于日本的“三大构成”设计基础教育体系也纳入进来。

然而当下，面对林林总总的国外建筑教育思潮，中国建筑教育在实现现代化的同时，由最初的营养不良转变为目前的消化不良。诸多体系并存于一身,犹如诸多药方作用于一人，中国建筑教育充斥着各种问题及矛盾：其一，教育体系混杂。由于对国外体系的接受始终处于被动接受，随机引进的状态，打破了原有系统的完整性，造成体系的混杂，以及教学计划的诸多漏洞;其二，课程过多，基础不明。教学内容庞杂，学生负担太重，没有业余时间思考，减弱了对专业的兴趣；其三，知识传授重于能力培养。建筑类型教育仍占据主导地位，造成学生习惯于模仿，创新意识不强；其四，重外观而缺内省。过分强调学生学习外部世界的新鲜事物，而不注重自我的生命体验，以及自我潜能的发掘。

二、“自在具足”的启智教育

在对以上问题的认真梳理分析后，由刘克成教授带队，西安建筑科技大学建筑学院20名教师参加，展开了对于建筑学基础教学的改革和探索。教学改革以“自在具足、心意呈现”的启智教育为核心，从一年级持续到四年级，希望构架一个建筑学基础教育的完整体系。

教学组把以下原则作为评判的标准：第一，兴趣是学习之母。好的培养方案和教学计划首先应当能够激发和引导学生学习建筑学的兴趣；第二，让学生相信自己的潜在能量，相信“自在具足”；教育的目标不是灌输知识，而是启发学生内在的潜能和智慧；第三，建筑学最基础的内容必定是有限的，不必设置过多课程，使学生负担过重，失去思考的时间和学习的兴趣；第四，建筑学最重要的内容需不断练习，多次重复，才能学会并加以掌握，与其让学生尝试很多东西，不如让学生将最基本的东西嚼烂；第五，比知识更重要的是要让学生学会好的学习方法、养成好的学习习惯。

我们认为设计的起点是要让学生相信“自在具足”。人生来就具有对这个世界的好奇与感知，只是多年来的惯性让我们的这种能力逐步减弱，但对建筑师来说，对生活的理解是非常重要的，基于此我们要求学生勤动心、勤动手、勤动脚、勤动脑，重拾对生活的敏锐感知。我们让学生回归个人内心的体验，鼓励学生关注细节，在日常生活的麻木中，多一点敏感去发现平常未留心的东西并记录下来，使其逐步养成观察生活、发现生活、记录生活的习惯，以此作为设计的起点。

我们认为设计的终点是要让学生学会“心意呈现”。教育的目标不是灌输而是启发，不是揭晓答案而是探讨可能性，好的设计是向他人、向环境、向城市表达自己的心意。要让学生从不同的角度认识生活的色彩斑斓，并从自己的观点与视角进行个性化的表达，呈现自己对这个城市、对使用者的心意。

三、四种能力的培养

教学改革紧密围绕四条主线展开，即“生活与想象”、“空间与形态”、“材料与建构”、“场所与文脉”能力的培养。这四条主线贯穿整个改革的四年时间，通过重复训练达到教学目标。

（一）“生活与想象”能力的培养

建筑设计的灵感来源于自我内心，包括出生背景、生活经历、灵魂感受。每位学生独特的个性与灵魂诉求、生活经历和成长境遇，与生俱来都可以成为建筑设计的宝藏。开展“生活与想象”能力的启发式教育，引导学生对生活、环境的体验与感知，建立设计师心灵与建筑灵魂的生命联系，让学生本身的生命成为建筑设计的灵感泉源，激发学生的想象力。

（二）“空间与形态”能力的培养

建筑营造活动的根本动因在于空间需求，空间也就自然地成为建筑设计中最为重要也最为基本的语言。在传统的建筑学教学活动中，对空间与形态本体的认知与塑造训练往往不能从材料实体以及使用功能等因素中抽离出来，形成自身完整的理论认知、学习框架及操作方法。教学改革通过训练，让学生具备对空间与形式的感知力与理解力，对空间与形态在理论与方法上建立完整的框架，并使其在设计中灵活运用。

（三）“材料与建构”能力的培养

低年级——“玩”。我们从认识身边最常见的自然材料入手，如：树枝、树叶到服饰，体会自然的馈赠，再逐渐熟悉我们身边的使用工具。在对材料的“玩”中，以独特的角度关注“材”与“料”，了解它们的属性。高年级——“构”。根据材料的不同属性，通过建造将材料以合理的方式进行搭接、浇筑、榫卯、栓接等再“组织”，开辟出一条从材料入手理解建筑的道路。

（四）“场所与文脉”能力的培养

每一座建筑都处在一个独一无二的位置上：它与周围场地紧密相连。只有当这些建筑物能够以各种各样的方式投合我们的情感和思绪时，它才能被周围环境所接纳。这种特殊的位置或文脉包含一系列独特的品质与联系，我们培养学生能够分析并揭示这些特性与联系，然后通过它们加深和扩展对建筑、环境、城市的理解，从而最终呈现出对城市、场所、历史以及人的尊重。

四、课程内容与方法

目前改革进行到四年级，一至三年级的教学相对成熟，本文主要论述前三年课程改革的内容与方法。

（一）一年级课程改革

1. 第一学期——相信自在具足

在设计训练目标中，一年级着重“启智”，以“相信自在具足”来引导学生从自身生活出发，动手、动口、动心的观察与认知事物；培养建筑专业的好观念、好技能、好习惯，激发其对于专业的兴趣与热情。在这个过程中弱化专业技能，强化对生活的观察力，激发学生的生活与想象力，因此第一学期形成了“开动——动手、动心、动脚、动手”、“回到原点——树枝、枯叶空间探索”、“琢磨器物——灯具测绘与解析”、“触摸细节——建筑部件解析”、“剖析空间——法国馆建筑测绘、解析与表达”五个教学环节。

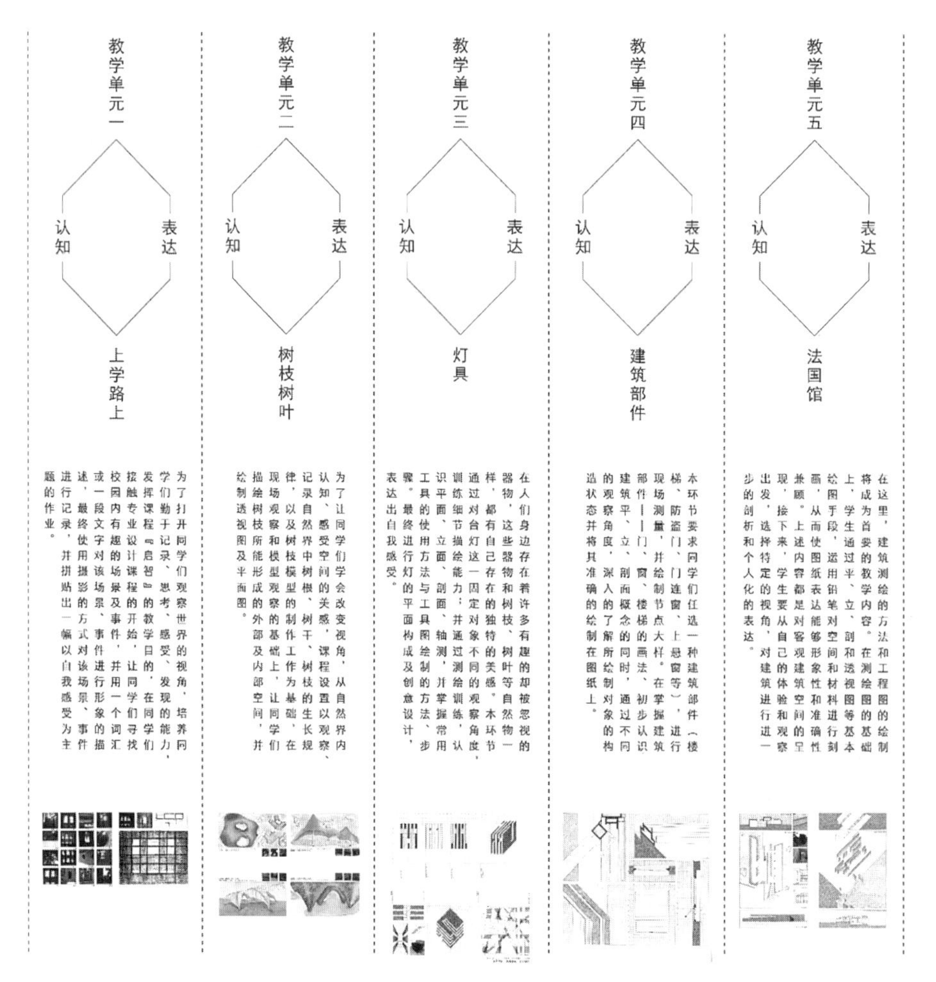

图1　一年级第一学期课程框架

学生“认知”建筑具有许多层次，对于认知能力的培养也应该是一个由低到高、循序渐进的过程。因此，我们将教学过程分为三个阶段，由浅入深、逐步进行：在第一阶段，学生需要改变视角，发现空间的存在、发现身边无处不在的风景，把握并理解空间的形态和特质；在第二阶段，学生需要在第一阶段的基础上，使用工具对空间进行测量，将感性的空间“量化”；在第三阶段，学生需要在前两个阶段的基础上，对空间进行个性化的解析和演绎，并将解析成果予以表达。与此同时，认知和表达对象的选择也遵循着“由小到大、由简单到复杂”的规律——我们先从“自然物”树枝、树叶入手，然后过渡到微小的“器物”灯具，再到具体的“建筑部件”楼梯（门、窗、门连窗），最后才到真正的“建筑物”法国馆。

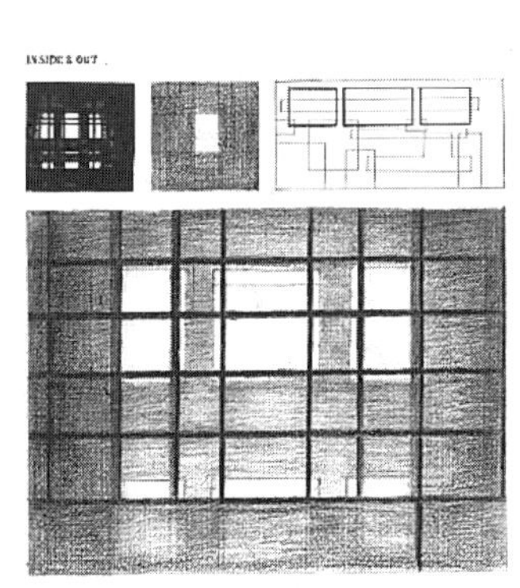

图 2　开动——动手、动心、动脚

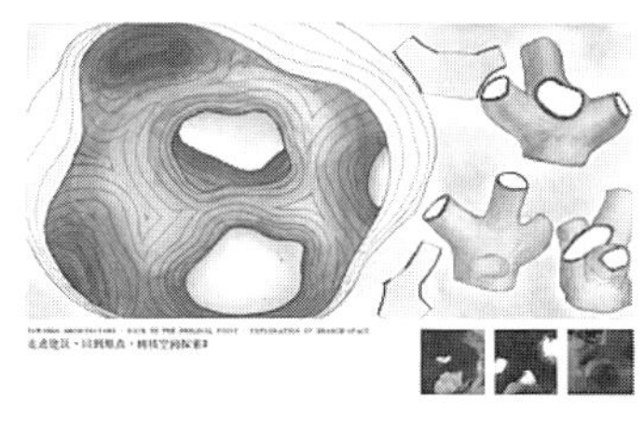

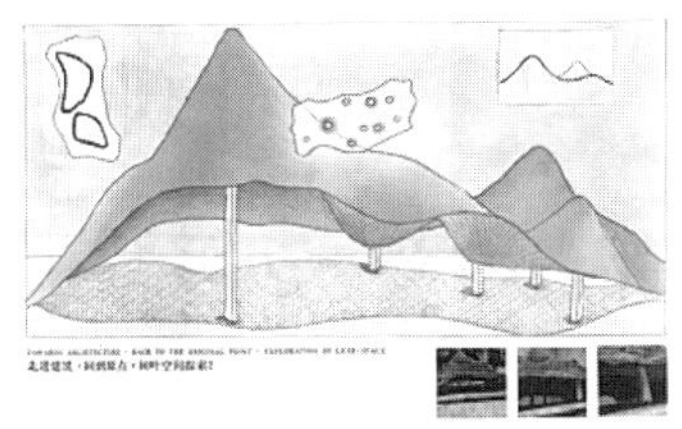

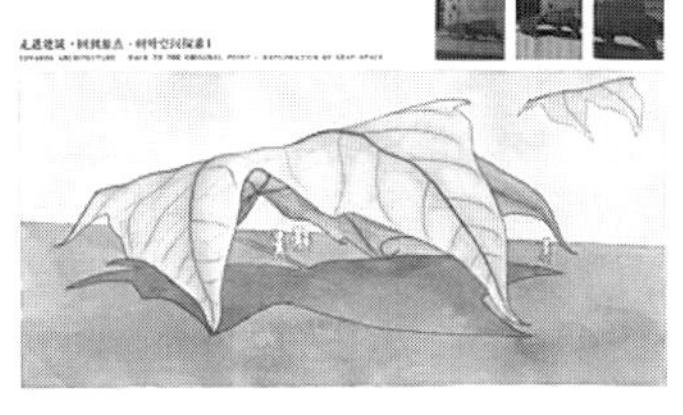

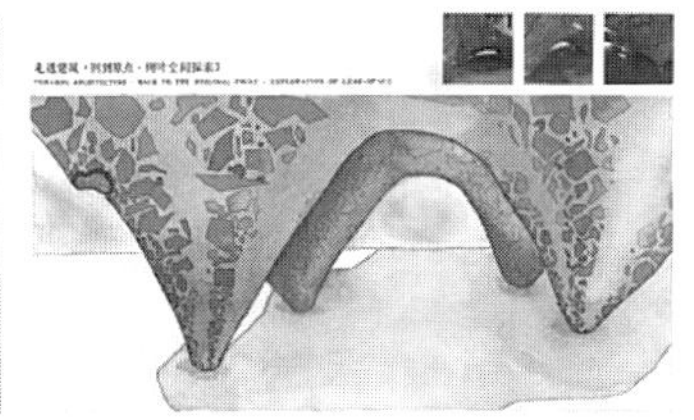

图 3　回到原点——树枝、枯叶空间探索

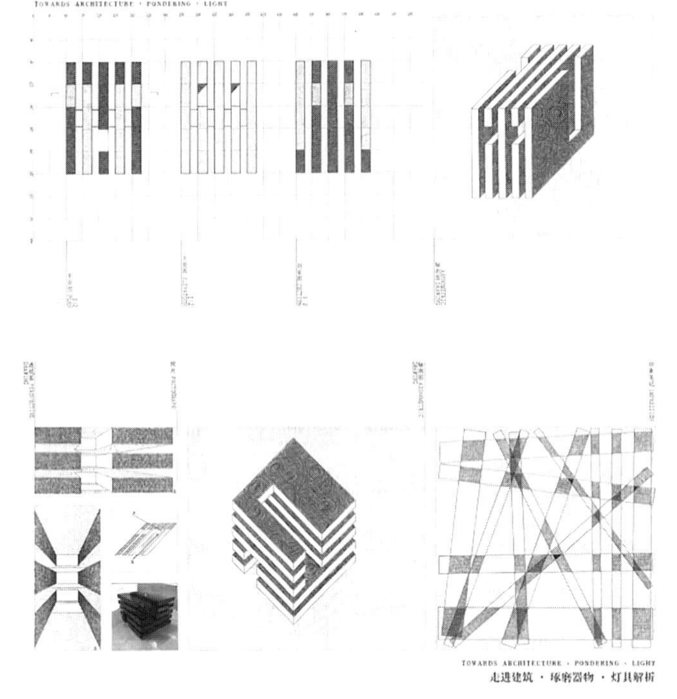

图 4　琢磨器物——灯具测绘与解析

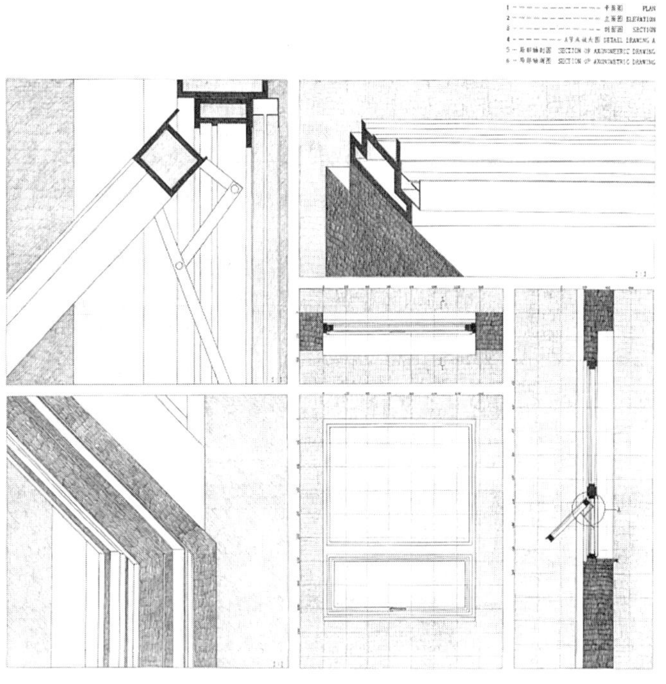

图 5　触摸细节——建筑部件解析

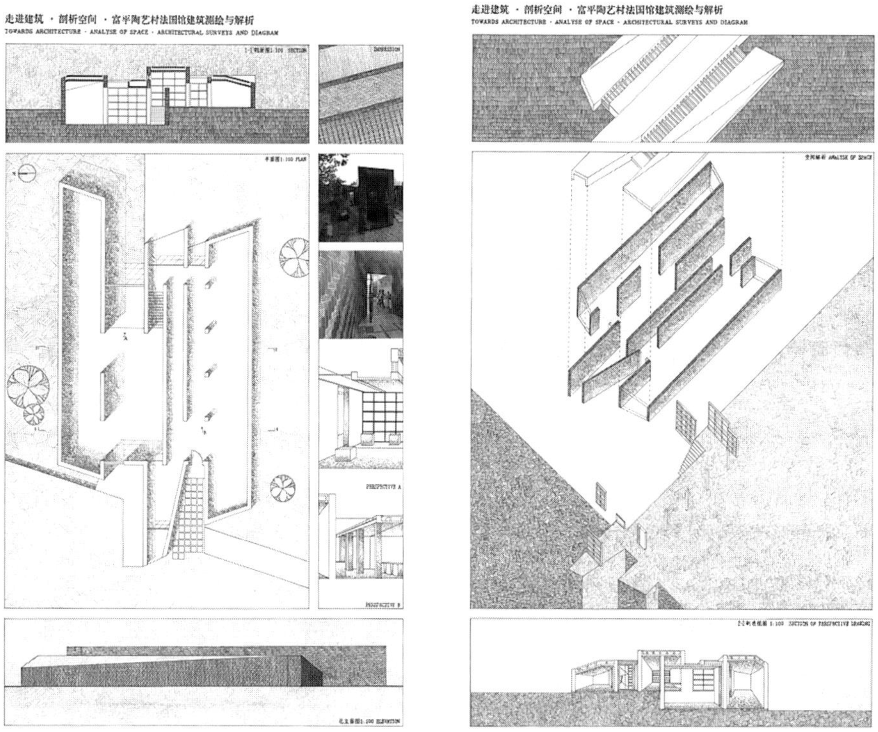

图 6　剖析空间——法国馆建筑测绘、解析与表达

2. 第二学期——懂得心意呈现

“从茶到室”放在一年级下学期，是对前五个训练课题的一次总结。教师通过设定设计起点、推演逻辑、影响变量等要素，引导学生从体验出发，由浅入深、由简单到复杂、由抽象到具象，最终完成从“茶”的感知到“室”的呈现的学习过程。学生首先对自己的感官建立自信，在同一语境下引导学生对生活、环境进行体验与感知、畅谈感受，激发设计热情；认知人体尺度、家具尺度、空间尺度、建筑体量、建筑比例等，认知人的行为活动的尺度；培养对空间与形式的感知力与理解力，培养空间思维能力；了解建筑特殊的位置所包含的一系列独特的品质与联系，培养学生对建筑及其特定场地之间关系的认识，初步掌握建筑与城市、建筑与环境的分析方法；从认识身边的一切材料入手，让学生逐渐熟悉材料、构造，并合理运用材料，同时思考和研究从设计到建造的全过程。

（二）二年级课程改革

二年级开始“浅尝设计”，以自我的生活作为设计起步，启发学生从生活与想象的方向审视自己的生活经历，转而以建筑思维探讨单一空间及其组合的可能性，最后通过设计训练培养初步的设计能力与基本功。在一年级的认知基础上，二年级切入到建筑学专业设计方法及原理的教授，形成了“单一空间”、“间的组织”、“小客舍设计”的三步走。

1. 第一阶段——“间”的潜力

设计来源于生活，学生与老师的讨论必须建立在亲身体验的基础上，“宿舍”就此成为一个再合适不过的起始点。一个“单一空间”的原型，一个充满了人和人、人和物体、人和空间各种关系的场所，这些关系正是创造空间无限可能性的基石，学生的再观察将有助于他们重新审视生活与空间的关联性。

2. 第二阶段——“间”的组织

课程关注学生对公共生活空间的理解和组织，公共空间由学生依据设计主题进行定义。学生回到宿舍楼观察公共空间生活场景，在思考之余用相机记录下捕捉到的点点滴滴，用恰当的表达方式在图纸上呈现生活与空间的关系或矛盾。然后从对公共生活的需求出发，结合人的行为模式，以尺度、光线与景观三个层面探讨宿舍楼中需要哪些公共生活，不同的公共生活需要什么样品质的空间来实现，从而确定设计的主题，并清晰地定义公共空间的功能与面积，拟定任务书。

在完成生活观察之后，学生制作场地模型，并切割 34 个单一空间体量尝试在场地内排放，对其形成的体量有直观的认识，画出多种排放方式的组织模式图，了解室内与室外的空间关

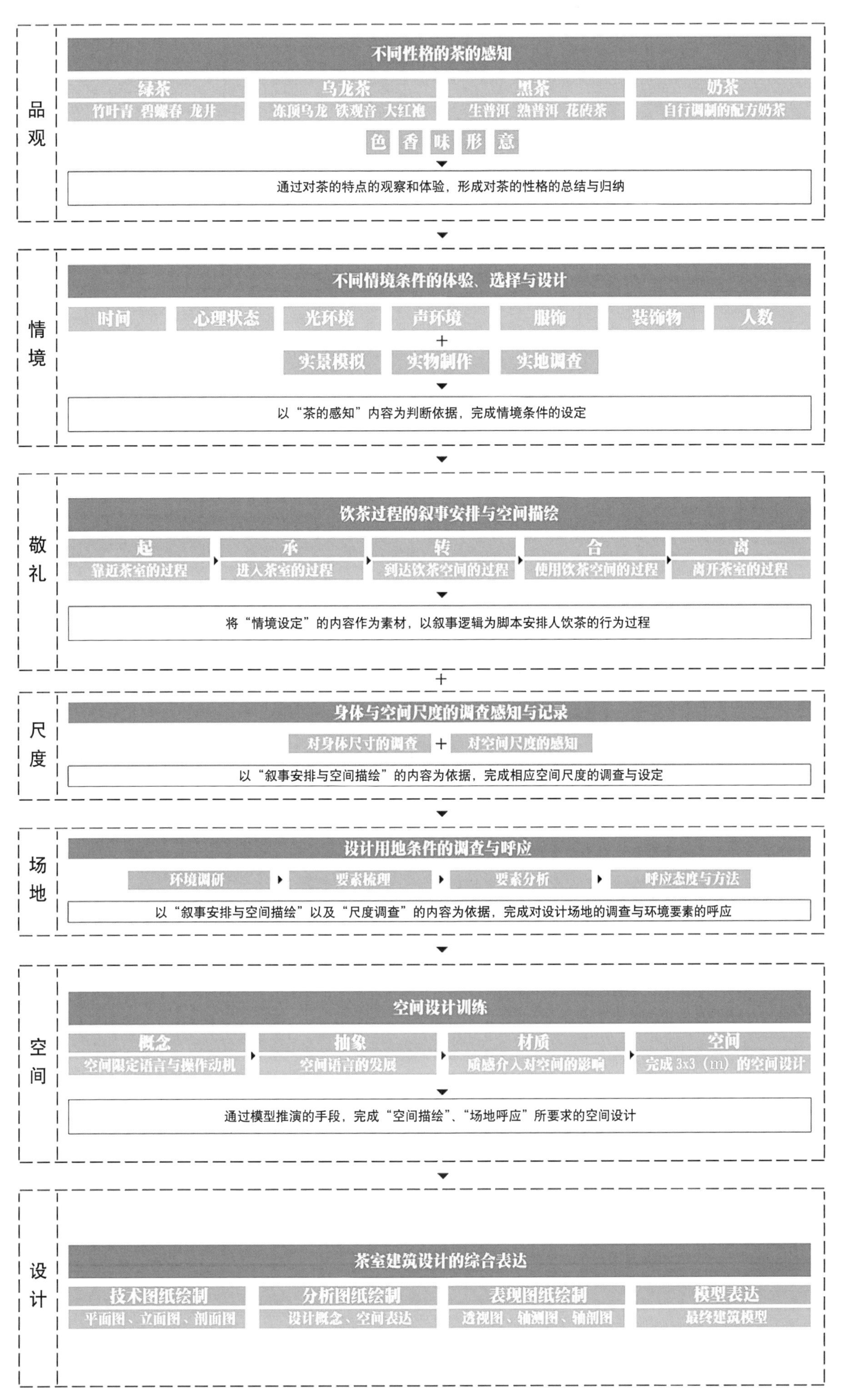

图7　一年级第二学期课程框架

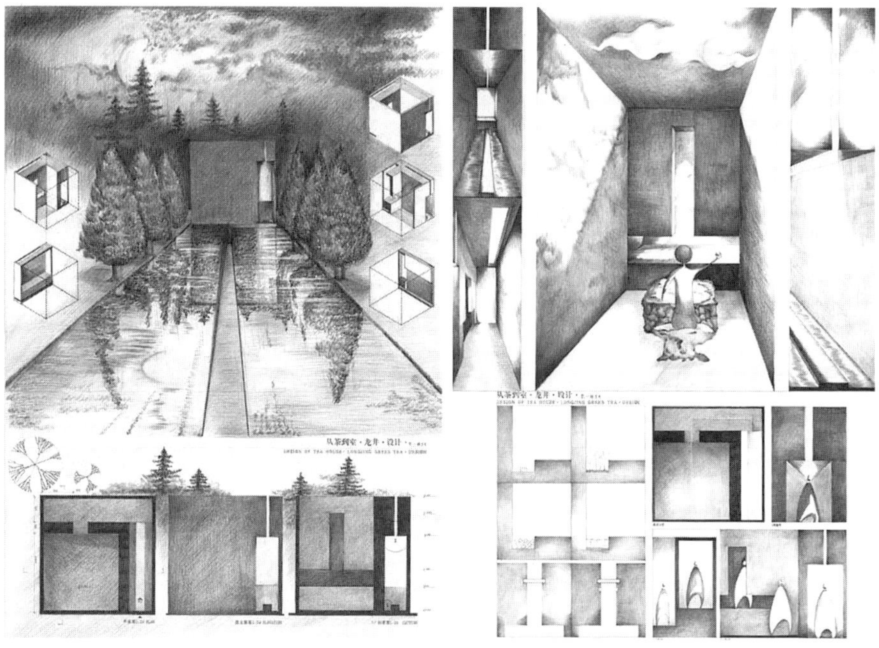

图 8　茶室设计

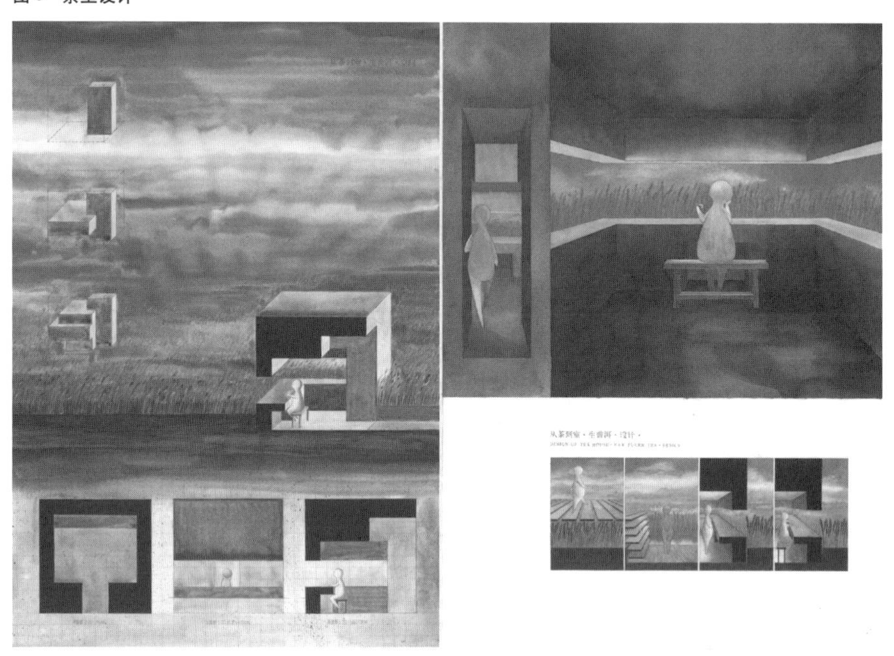

图 9　茶室设计

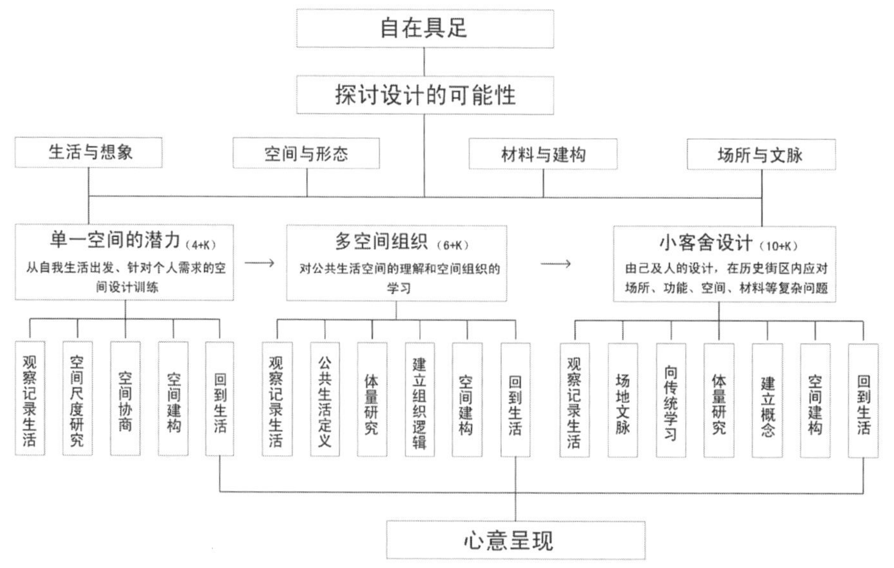

图 10　二年级课程框架

图 11　观察宿舍生活

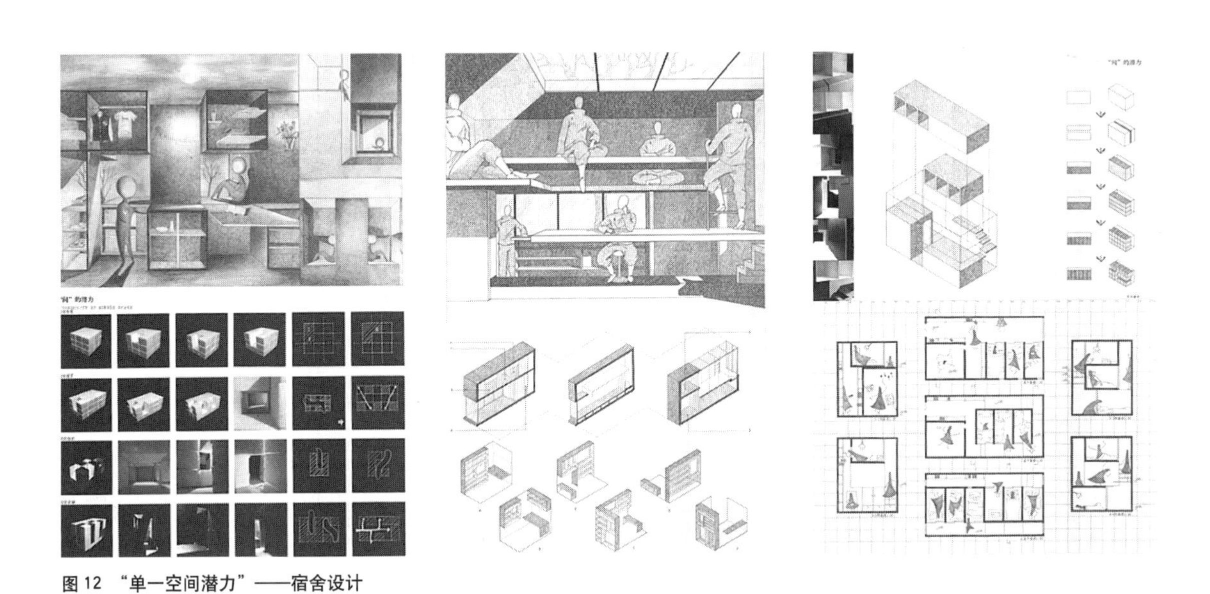

图 12　“单一空间潜力”——宿舍设计

图 13　观察宿舍公共空间

系。我们要求从发现宿舍问题开始建立空间组织的基点，提出解决问题的空间手段，再按照这种基本逻辑作为“公式”组织所有空间，着重建立水平交通与垂直交通的联系。在确定基本的空间组织逻辑后，从以下三方面深化设计：第一，从人、行为与宿舍集体生活出发，使功能构成合理化；第二，从空间形式逻辑出发，进一步梳理空间的合理性以及空间与功能的匹配度；第三，确定空间中的材料，明确方案的结构形式。

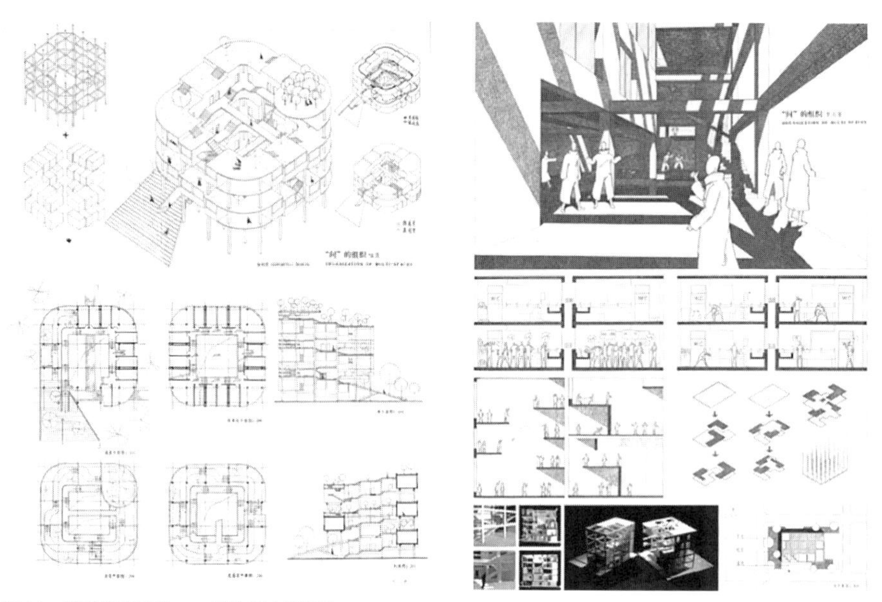

图 14 “多空间组织”——学生宿舍楼设计

3. 第三阶段——小客舍设计

大二下学期是一个较为综合的设计题目——小客舍设计，要求学生由“为自己设计”转变成“为他人设计”。题目选址于西安回民街历史街区，北侧是一个保存完好的传统民居——北院门 144 号院，西侧与南侧均为街区内 1 ～ 2 层高密度的居住建筑；设计限高 9m。

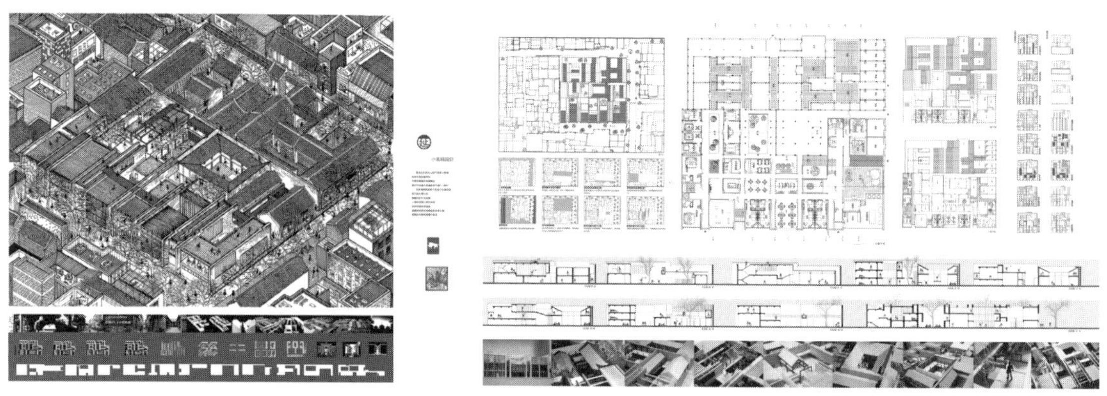

图 15 北院门小客舍设计

（三）三年级课程改革

前两年的实践教学，学生在具备了好的设计习惯，在饱含设计热情的同时基本建立起了建筑学学习的意识和方法，并能从自身生命体验出发，形成有个体意识的观察和判断。三年级课程设置着重培养学生的设计意识与方法，从帮助学生建立基本的设计思维，到建筑设计基本理论学习，再到建筑设计基本方法的应用与训练，从而提高学生建筑原理认知与设计水平。

1. 第一阶段——大师解析

三年级第一学期进行大师作品解析，以期从大师作品中学习设计方法。课程环节是这样设置的：作品年谱——梳理大师作品的平、立、剖面图，统一比例抄绘；场地与区位——mapping&diagram 分析；功能与空间——功能气泡图；空间与场景——生活与想象的空间场景表达；空间与结构——空间结构与建构逻辑；大师作品线索解析——依据大师个人作品特征制定相应线索串接系列作品。

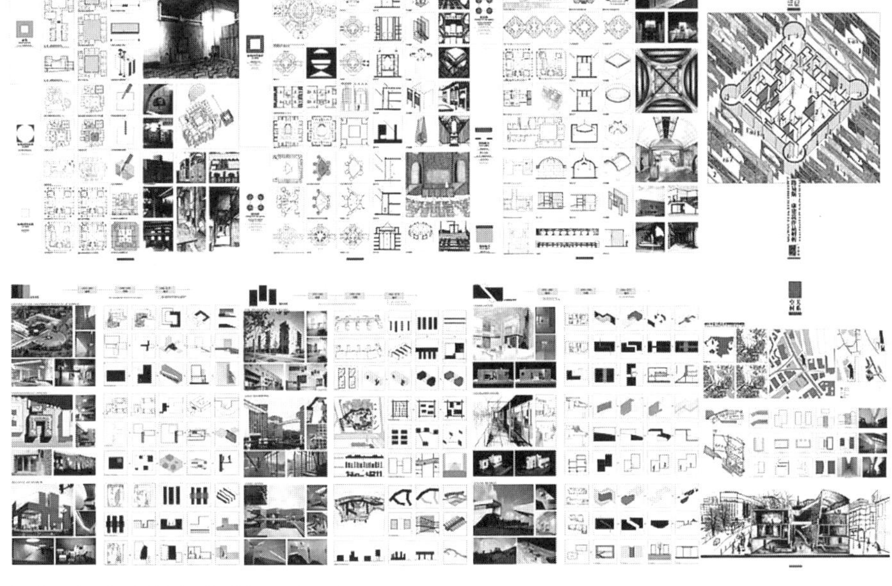

图 16　大师作品设计线索与设计方法分析

2. 第二阶段——感知空间要素

三年级第二学期设置了"分解 · 整合的主题博物馆系列课程"。教学课程围绕空间中可以被感知的要素，通过体验与认知，分析与解读，设计与塑造三条线索进行训练，重在探讨影响空间感知的要素。其中空间感知要素主要包括以下六个单元：人与光——5×5×5 空间中光源、光孔、光栅、光径、承光体、观察位置对于光塑造空间的可能；人与景——变换开洞位置对于景塑造的可能；人与色——不同色彩数量与搭配对于塑造空间的可能；人与声——通过声音感知空间的可能；人与物——物品特征在空间中展示的可能；人与人——人与人的关系在空间中体现的可能。

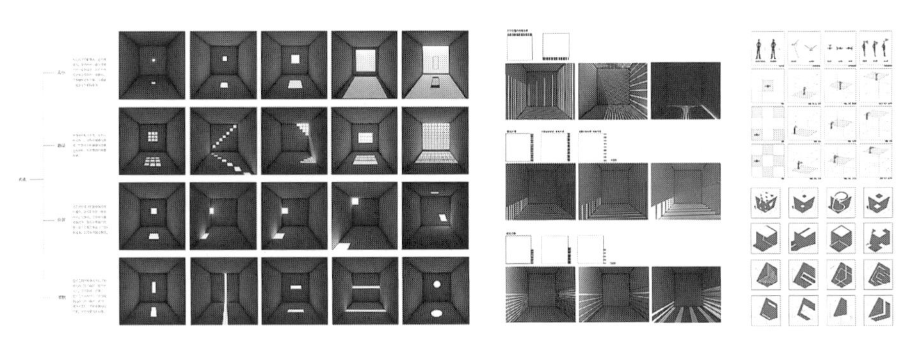

图 17　光塑造空间的可能性探索

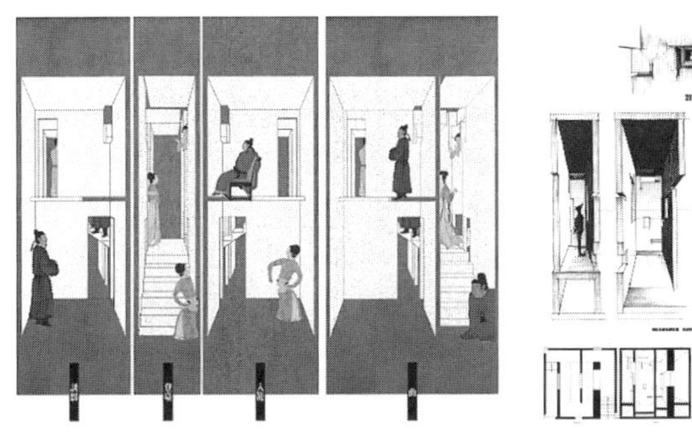

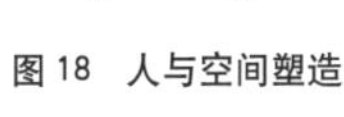

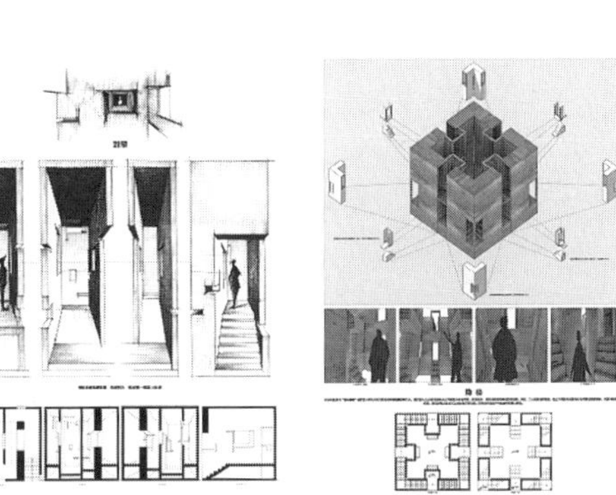

图 18　人与空间塑造

3. 第三阶段——10 张照片的摄影博物馆设计

学生在 100 张摄影作品中自行选择 10 张照片进行解读、组合，形成主题从而促进展陈方式、观看方式与空间塑造三者相互因借，并推动设计的可能性。全班 36 位同学，由于选择照片的不同、照片主题的不同，博物馆的设计概念是多种多样的。在老师的引导下，一步一步将好的概念进行空间转化，有针对性地进行单一空间的设计或者多个空间组织的设计，形成有特征的空间，同时由内而外对环境、场地进行恰当的回应，最终更好地呈现和诠释每一张照片，完成建筑设计。在这样的教学环节设计之下，学生之间相互学习的机制被很好地调动了起来，不再是老师经验式的"灌输教学"，同时也可以让学生真正的理解建筑设计没有所谓的标准答案，只有解读方式和解决方法的多种可能性。

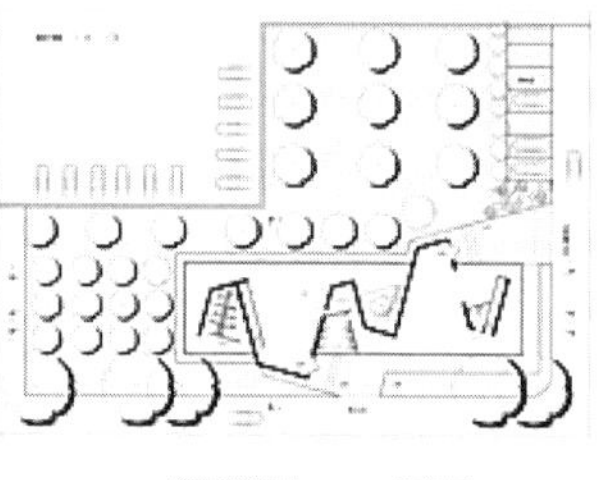

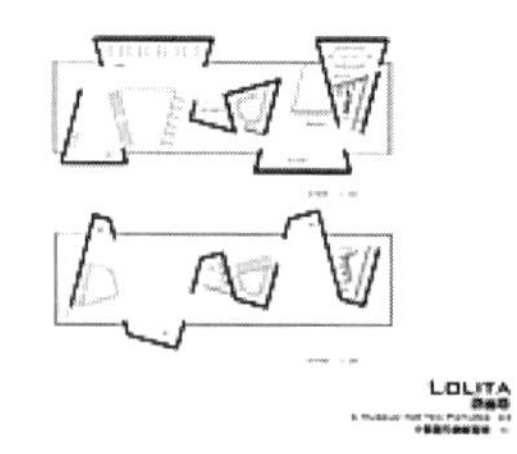

图 19　空间的特征与组织

五、结语

从以上课程环节可以看出，本次建筑学教学改革打破以往类型化建筑教育的传统模式，探索更加符合专业认知规律的教学模式与方法，以期达到"与行相应，与境相应，与情相应，与理相应，与机相应，与果相应，与心相应"的专业认知境界，为培养具有良好创新意识和综合素质的卓越建筑师提供平台。教育的过程是启智的过程，教师与学生二者从本质上构成了"教者"与"被教者"的立场和关系，也架构了一个"价值共同体"。我们培养学生对生活、对设计的热情，使学生拥有灵巧的手、勤劳的脚、敏感的心，让学生相信自在具足，并学会呈现对自己、对他人、对环境、对城市的心意，这是我们永远不变的目标！

图片来源：

图 1：教师自绘。
图 2～图 6：学生作业。
图 7：教师自绘。
图 8～图 9：学生作业。
图 10：教师自绘。
图 11～图 16：学生作业。

作者：王璐，博士在读，西安建筑科技大学建筑学院　讲师；刘克成，西安建筑科技大学建筑学院　教授，博士生导师，陕西省古迹遗址保护工程技术研究中心主任；王毛真，博士在读，西安建筑科技大学建筑学院　讲师；刘宗刚，博士在读，西安建筑科技大学建筑学院　讲师

材料与模具

——建筑设计基础课程中的模型教学方法探索

崔陇鹏　严少飞

Material and Mold
——Exploring about Model Teaching Methods on Basic Course of Architecture Design

■摘要：建筑设计基础课程的定位是以空间研究和模型制作为核心，区别于传统的模型教学方式，本文提倡在建筑设计中以材料来丰富空间的创造，达成材料与空间的一种诗意的平衡。在建筑学低年级模型教学中，通过让学生以水泥、石膏、石蜡等浇筑材料，用制作模具与灌筑的方式完成建筑缩尺模型，让学生了解建筑材料的性能及构造方式，最后达到对空间与材料的共同认知与"全知觉"体验，从而激发建筑初学者的空间想象力和创造力，为他们的未来职业生涯奠定一个良好的基础。

■关键词：模具　建筑模型　建筑设计教学

Abstract: The fundamentals of architectural is orientated to the core of space research and model building, differentiate from traditional way of teaching model, this paper advocates to materials to enrich space creation, reaching a poetic balance between material and space. In lower grades' teaching model, students are allowed to using cement, gypsum, paraffin and other materials, through mold making and irrigation building to complete construction scale model, so that students can understand the properties and structure of architecture materials, finally students could achieve common understanding about space and materials and unconscious experience, so as to stimulate the beginners' spatial imagination and creativity, lay a good foundation for their future career.

Key words: Mold; Building Model; Architectural Design Teaching

建筑模型制作真正应用于建筑设计，是在 20 世纪 50 年代，从那以后 30 多年的时间里，它主要应用在一些重要工程项目中，具体是在方案设计完成以后，制作展示模型，用于项目申报、展示、陈列等，而在建筑方案设计过程中，概念模型、工作模型的应用还很少。由于市场和建筑设计专业课程的需要，我国建筑类高校大都开设了建筑模型制作课程，其教学模式大多以强调"制作"为主。这种教学体系受到法国巴黎美术学院"鲍扎"教学思路的影响，注重所选对象的经典性，强调精细的制作工艺，因而我国建筑教育的初始阶段培养了一大批基本功扎实、建筑设计能力强的设计人才。下面就我国各大高校近些年来对于模型教学与建造实验的课程进行简单说明。

1.当代建筑设计基础课程中的模型教学现状

建筑学模型教学已经是一个世界性的命题，是国际普遍采用和提倡的建筑学教学方法之一，在建筑学界具有普遍的共识和不言而喻的重要性。近些年来，全国各大建筑学院努力探索模型教学的方法，在低年级教学中通过立体构成与抽象空间练习、大师作品分析、实体空间搭建竞赛等方式，促使学生通过模型制作学习建筑设计，但是仍存在诸多的问题与不足，有待模型教学的进一步补充。

1.1 模型制作课程——大师作品分析

大师作品分析是各大建筑学院基础课程中对于模型制作较为深入的一次练习，是数十年来建筑教学最基本和最经典的方法。但是，目前的大师作品分析采用的教学模式是先让学生熟悉材料和工具，然后再找一个建筑案例让学生做一个模型，教学的重点放在模型制作工艺上，即注重模型做得精细与否，这样就造成这门课程与其他专业课程联系不够紧密，没有真正发挥建筑模型制作课程本身的作用。

1.2 模型实验室——模型加工场所

各大建筑学院已经拥有自己的模型加工实验室，其中不乏各种大型的加工设备，但是模型室在教学中的利用率却相当低。更值得担忧的一点是，模型室仅仅作为模型加工和最终表现的场所，与教学环节没有直接的关系，这就促使学生对模型表现的依赖心理，而不去思考建筑的生成过程。

1.3 课余竞赛——实体空间搭建竞赛

我国各大高校近些年来对于模型教学与建造实验的课程比较重视。天津大学的“空间建构”课程以塑造学生们对空间的感知能力为出发点，强调对空间层次认知，对空间想象力的训练。并希望通过从空间设计的实体建造的角度出发，讨论如何建立建造与构造教学之间的联系，形成了在“建造工艺学”视角下对构造课程改革的思考。在杭州，中国美术学院开展了木工课、砌砖课、夯土课等一系列成体系的课程，希望通过让学生接触传统的基本建造工艺，对当今建筑教育对建筑师身份的定义进行反思和批评。东南大学和苏黎世联邦理工于2010年夏天，进行的“紧急建造／庇护所”教学，在传统建造教学的基础上加入了对建筑物理环境的考虑。西安建筑科技大学建筑学院自2003年起开展了“实体空间搭建竞赛”，进而联合西安交通大学、长安大学、西北工业大学、西安美术学院组织“陕西省大学生实体空间搭建竞赛”，其目的在于强调材料与构件对空间的限定与架构，训练学生思考结构特性和空间形式的关联，完成从空间概念到空间设计的过渡。

但是，近些年来实体搭建仅仅作为竞赛和课外学习，没有形成系统的模型设计的理论与方法，对建筑设计课程方向调整亦缺乏直接的指导。尤其是在低年级的教学中，缺少对于材料的空间属性的认知，无法建立起较为全面的建筑设计观念。所以本教学组在建筑学低年级模型教学中，通过让学生以水泥、石膏、石蜡等作为材料，用制作模具与灌筑的方式完成建筑缩尺模型，让学生了解建筑材料的性能及构造方式，最后达到对空间与材料的共同认知与“全知觉”体验。

2.浇筑材料与模具设计引入基础教学课程

本课题所提倡的模型教学，不同于传统的模型教学中强调用卡纸、玻璃纸等简易材料通过比例缩放来模仿建筑的造型和空间，而是从建筑的空间建构方式出发，运用水泥、石膏、石蜡等材料来制作模型，并从光影、材料、构造等方面体会建筑设计的全过程。模型教学中模型制作不再仅仅是用来表现的工具，更是建筑设计的方法。通过分步骤的模型设计教学体系，让学生学习建筑设计全过程，帮助学生建立全面的建筑观，将“空间、环境、功能、行为、单元、序列、结构、建构、经济”等因素进行全面考虑，使得学生可以三维的、直观的观察模型，并从中学习建筑设计与表达的方法。可以说，建筑学“模型教学”对学生在低年级的课程中认识建筑的本质有着至关重要的作用。基于以上诸多方面的问题，本课题组尝试着对低年级建筑模型制作课程教学模式进行改革，具体如下：

2.1 从“模型表现”向“模型教学”转化

建筑模型制作课程教学不应该停留在“制作”这个层面上，应该将模型设计作为方案设计中最常用的一种方法，通过模型来完成方案生成、空间推敲、材料光影、构造设计等环节，并采用阶段性分解练习的方式，让学生由简到难地掌握建筑设计过程，并最终尝试运用真实材料进行模型建造。如本课题组在建筑学一年级建筑设计——居室（理想宅）中将设计课程分为概念生成、空间深化、实体建构、场景营造四个步骤（图1）。

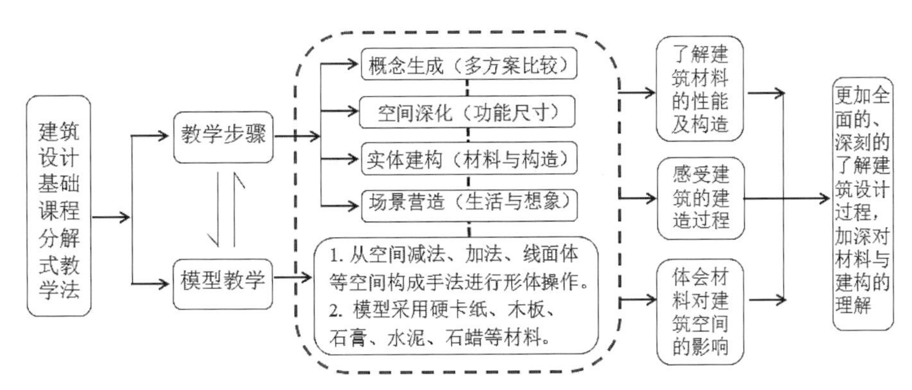

图1 建筑设计基础课程的分解式教学法

从“模型表现”向“模型教学”转化的关键，在于从设计之初就引入材料的概念，让学生在初始阶段通过采用各种不同材料来制作不同的建筑空间，并不断强化节点与构造的意识，并在第三个阶段——实体建构阶段，通过接触真实的建筑材料，激发建筑初学者的空间想象力和创造力，强化其设计的建筑空间的真实感与自我存在感。

2.2 从“建构”出发进行建筑设计

在建筑模型制作课程教学中，从建筑的构造出发，用水泥、钢筋等材料进行缩尺模型的搭建，让学生感受真实的建造过程与真实的空间体验，不仅仅将模型作为表现形式，更是重要的设计方法和体验手段。与此同时，教师还可以在学生熟悉材料及掌握工具使用方法的基础上，加入新的模型制作种类，如建筑节点模型、构造模型、剖面模型等，在制作比例上可采用1：1或比例放大模型等。这些特殊模型的引入，必然会让学生运用新的制作材料和工艺，这样学生的制作手段就不再单一，选用材料的范围也会扩大，从而扩大学生的视野，提高学生对模型制作的兴趣。

2.3 提高建筑设计中的创新意识。

在建筑模型制作课程的教学中，教师通过指导学生运用不同的材料建造模型，解决各种材料的建构问题，重视学生的实践和分析能力的培养，充分调动学生的主动性，激发学生的创造力，这样会让学生在建筑模型制作中有更多的收获。模型制作教学模式改革的最大成就是，培养学生在设计中有意识地注意过程分析的习惯，这将为他们的未来职业生涯奠定一个良好的基础。

从上可以看出，在模型教学中，模型不再仅仅是用来表现的工具，更是建筑设计的方法。通过分步骤的模型设计教学体系，让学生学习建筑设计方法与过程，帮助学生建立全面的建筑观，通过运用水泥、钢筋、石膏、木材等材料来建造模型，并从光影、材料、构造等方面完善建筑设计，对于建筑学低年级的课程中认识建筑的本质，有着至关重要的意义。

3.模型中的浇筑材料与模具设计

使用模具进行浇筑的建筑模型材料称之为浇注材料，浇注材料通常有水泥、石膏、石蜡、黏土等。浇筑材料通常可塑性很强，其可塑程度取决于材料的特性以及对材料的处理方式。这类材料所形成的模型的形态、表面肌理往往由其模具所决定，完成的模型所具备的材料质感与建筑的真实感，是其他类型的材料制作的模型所无法比拟的。但是，由于这类材料使用的是模具形成的反向空间，所以，用它们制作模型往往难在对反向空间的思考和反模的制作过程上。下面就分别从水泥、石膏、石蜡三种材料的特性及其模具的制作方面进行说明。

3.1 水泥模型及其模具

水泥是一种粉状水硬性无机胶凝材料。加水搅拌后成浆体，能在空气中硬化或者在水

图 2　水泥模型

图 3　石膏模型

图 4　石蜡模型

中更好的硬化，并能把砂、石等材料牢固地胶结在一起。在模型教学中，常采用 1：30～1：50 的比例制作水泥模型，水泥模型应先制作模具。模具通常采用木条、PVC 板、玻璃纸等材料制作完成。通过制作模板、配筋、灌注水泥、养护等方式，最终形成一个表面光滑，整体结构坚固的模型（图 2），往往不同肌理的模具会形成不同肌理的模型表面。在拆模后，也可以用砂纸对其进行打磨，从而得到不同的表面形态，甚至可以用颜料涂抹形成不同的色彩。

3.2　石膏模型及其模具

石膏和水泥同属于建筑材料，然而具有完全不同的特性，与混凝土相比，石膏凝固后质量轻、密度小，具有一定的可修改性，用刻刀即可进行加工，同时还具有表面光滑、细腻、尺寸精确、形体饱满、装饰性好的优点（图 3）。制作模型用的石膏粉不同于建筑石膏，模型石膏更细腻，凝固速度快、强度高，拆除模具时不容易损坏，制作出的模型干净素雅。石膏模型的制作有两种方式，第一种为涂抹法，石膏的制备过程是向石膏粉里加入清水，不断搅拌，直至成为膏状，然后用工具在制作好的模型基材上涂抹出各种形状。第二种为浇筑法，是制作石膏模型的常用方法，通过在容器中先放入清水，倒入制作的石膏反模模具，并放置在通风处晾干，最后拆除模具。石膏模型的设计要点是形体需要简洁、模具需要好拆、不能密封、用胶带粘死，由于比较脆，震动要小，如果模型过于复杂，模具粘贴太死，则无法将模具与模型很好地剥离。

3.3　石蜡模型及其模具

石蜡是一种熔点低的半透明固体，又称晶形蜡，在 47℃～64℃熔化，石蜡是烃类的混合物，因此它并不像纯化合物那样具有严格的熔点。石膏模具和混凝土模具不同，石蜡融化后成为液体，可以像水一样流动，模具有缝隙会使石蜡液体流出，同时模具沾满石蜡，无法修补缝隙，要尽可能一次成型。石蜡的融化和凝固过程可逆，模型可以多次融化浇筑，具有节省材料的优点。由于石蜡具有透明的属性，我们也可以将不同的颜色加入石蜡，形成不同色感的半透明材料，在模型内外加入特殊的灯饰后会呈现出别样的灯光效果，同时可以看到建筑室内朦胧的效果，在一个建筑中，常常用它来呈现不同的功能体块或体块之间的虚实关系。（图 4）

4. 建筑模型中应用浇筑材料及其模具设计的意义

当代的建筑设计教学，已经从重视建筑的功能向探索建筑空间迈进，但通常对于建筑空间的认知也仅仅简单的停留在视觉层面，这种对于空间过度重视的态度忽视了建筑的实体部分——材料的研究。材料与建造始终处于一种相对缺席的状态，而现代建筑的空间观念也始终没有得到充分的发展。而建筑的知觉并非是单一的视觉，或者是视觉、触觉和听觉的简单叠加，而是一种综合的感官交互作用。梅洛－庞蒂强调他自己只有用“整个身体来感知”，才能体会到一种独特的事物结构和存在方式。材料的魅力不仅仅只在视觉和触觉方面有体现，还有冷暖的温度感受。每种材料都有其各自独特的表现力，不同的材质、颜色、质感等都给人以不同的感受，比如钢材表现出坚硬、冰冷和技术感，而木材则显得温暖、柔和且贴近大自然。可以说，材料本身就是空间要素中最为重要的组成部分，而材料所体现的空间感，更不能被简单地用单一的视觉体验所描述，它需要用“整体的身体来感知”。所以，在建筑设计的初期，就引入对于真实材质的认知，并以一种建构的方式去接近真实地做建筑设计，这对于设计的初学者会有巨大的启发，同时会赋予其更多的创造力。

此外，由于浇筑材料与普通板材相比具有完全不同的制作方法，学生需要在方案设计过后通过正向模型思考模具的反向空间，而制作模具的过程就是对空间的反向思考过程。可以说，整个模型制作过程实现了两次空间转换，由虚到实，由实到虚，通过这种反向的思维方式，让学生对空间有了更好的理解。同时，浇筑材料形成的模型浑然一体，不存在接缝，对空间有极好的表现。

5.结语

香港中文大学顾大庆教授以“建筑＝材料＋建造→空间”的公式来表达对于建筑基本问题的看法，认为建筑是以空间为目的、以材料为手段。弗兰姆普敦在19世纪德语区建筑理论成果的基础上，发展出了当代建构理论，在《建构文化的研究》中将“建构”解释为“诗意的建造”或“构造在建造空间与材料可以被认为是建筑最基本的两个要素，不能忽视二者之间在源头上互为依托的关系”。当代西方建筑正在以材料的关注来扭转空间霸权，材料已日渐成为建筑学讨论的核心议题，对空间和材料的一体化操作使得材料的研究有可能真正地“丰富和调和对于空间的优先考量”。正是在这种对材料与空间关系的研究基础上，本文提倡以材料来丰富空间的创造，达成材料与空间之间的一种诗意的平衡，既要思考材料的问题，同时也不能忽视空间的重要地位，更不能以牺牲空间的重要性来获得对于材料的认知。通过在模型制作中，对材料的熟练运用与亲身参与性体验，最后达到空间与材料的共同认知与“全知觉”体验，让建筑的初学者对建筑设计有着全新的认识与深刻的理解，并激发其空间想象力和创造力，为将来的学习打下坚实的基础。

（基金项目：校基金“择优立项课程建设项目——建筑设计基础”，项目编号：1609216017）

参考文献：

[1] 史永高．材料呈现——19和20世纪西方建筑中材料的建造－空间双重性研究[M]．南京：东南大学出版社，2013.

[2] 张路峰．材料的实验——阅读赫佐格与德穆隆[J]．建筑师，2003（02）．

[3] 张永和．平常建筑 [M]．北京：中国建筑工业出版社，2002.

[4]（美）肯尼斯·弗兰姆普敦·建构文化研究——论19世纪和20世纪建筑中的建造诗学[M]．王骏阳译．北京：中国建筑工业出版社，2007.

图片来源：

图1：笔者自绘。

图2：笔者拍摄，西安建筑科技大学建筑学一年级作业——居室，学生：张钰锰。

图3：笔者拍摄，西安建筑科技大学建筑学一年级作业——居室，学生：吕育慧。

图4：笔者拍摄，西安建筑科技大学建筑学三年级作业——艺术馆，学生：黄奕博。

作者：崔陇鹏，西安建筑科技大学建筑学院　讲师；严少飞，西安建筑科技大学建筑学院　助教

基于“自下而上”渐进式更新理念的城市设计教学实践与探索

李昊　叶静婕

Teaching Practice and Exploration of Ideas of Urban Design based on “Bottom Up” Incremental Updating

■摘要：西安建筑科技大学建筑学专业应对我国城市存量发展新格局对专业人才的需求，结合城市设计课程，提出“自下而上”渐进更新的城市设计教学模式，通过课程体系的搭建和阶梯化教学的优化，全面培养学生的人文意识和在地观念，掌握开展研究型设计和动态化设计的方法，并通过公共参与，将教学活动和城市更新实践结合，强化学生对社会现实和需要的全面认知。
■关键词：自下而上　渐进式更新　城市设计　教学体系
Abstract: According to the severe needs of professional talents on the new structure of China′s ′Stock Age′ development, the college of architecture of Xi′an University of Architecture & Technology (XAUAT) comes up with the basic concept of "Bottom-up Incrementally Renewal" for the teaching system combining with the urban design courses. Through the construction of the new system for the course and the optimizing for the step-by-step teaching method, the students will be armed with the idea of humanities and localization. The students will also manage to have the research-based design and dynamic design by getting the public involved which means the teaching will be combined with the real projects simultaneously. In this way, the students will have a clear understanding of the reality and severe needs of the nowadays society.
Key words: Bottom-Up; Incrementally Updating; Urban Design; Teaching System

1　引言

2012年以来，中国逐步进入城市化中后期，突出城市和人口数量变化的、“显性”城市化已完成历史使命，着眼城市文化和文明构建的、“隐性”城市化开始蓄势发力，城市建设也从“增量发展”转向了“存量治理”新阶段。在“质量”和“内涵”成为关键词的新历史时期，伴随城市文化的纵深化发展，已建成空间环境的品质化提升成为城市建设领域的主战场。以往以新空间拓展为导向的建设与设计思路不能适应异质复杂的建成环境，专业教育也需要进行教学理念和方法的调整，满足新阶段的发展特征和社会需求。

建成环境不仅沉积了各个时期的历史文化，更是多元化社会主体的生活场所和记忆载体，充分反映了城市的有机属性，更新建设应充分尊重其自身的发展规律，尊重不同时期形成的文化基因，避免大拆大建带来的文化断裂和记忆消失。我国大部分城市的旧城区在20世纪90年代经历第一次更新——"改造低洼地段"，老旧民居，传统风貌的老街区基本被"改造"一新。目前旧城区大都呈现零星文物建筑、风貌改造房屋、开发新建房屋等并置的"拼贴化"形态。2000年以后，经济发展促动文化复兴，旧城区逐渐进入"再更新"阶段。一方面，在商业资本的操控下，以开发为主的"绅士化"改造盛行，以上海新天地为代表，活态生活完全被置换，使得地方文化成了商业的装饰品，饱受诟病；另一方面，民间力量、社会组织的觉醒开始推动"自下而上"的自组织更新。不同于以往满足个体基本生活条件的"自建式"改造，其空间情趣和文化品质突出，街区生机盎然，如上海田子坊地段。但是，完全不受约束的自建行为也对一些旧城文化遗产保护、公共空间维护、居民日常生活带来很多负面影响。如何应对全面到来的新一轮城市更新，采取怎样的更新路径等都是需要回答的迫切问题。

针对新的建设和发展形势，西安建筑科技大学建筑学专业城市设计教学组进行了课程的全面改革，在近年来的课程建设中，选择西安最典型的存量空间——明城区顺城巷地段，探讨"自下而上"的渐进式更新教学，通过课程体系的搭建和阶梯化教学的优化，全面培养学生的人文意识和"在地"观念，掌握开展研究型设计和动态化设计的方法，并通过公共参与，将教学活动和城市更新实践结合，强化学生对社会现实和需要的全面认知。

2 强调方法的综合化训练——课程体系的搭建

课程教学应强化方法论的训练，避免类型化的知识介绍，让学生对专业知识建立系统化的认知。更新类城市设计由一系列开放、递进的设计过程构成，涵盖了建成环境类学科领域（建筑学、城市规划、风景园林）诸多方面，是建筑学专业本科设计课中综合性最强的一门课程。"自下而上"渐进式更新理念有助于强化学生对社会、经济、政策等专业短板的认知。因此我们细化课程环节的设置，在深化和拓展建筑学相关教学内容的基础上，通过理论模块、实践模块以及穿插各阶段的汇报模块，将城市规划与风景园林的相关知识引入，形成理论教学、设计辅导与主动探究相辅相成的系统教学，让学生建立基本的设计价值意识，强化学生对社会现实问题的思考、关注人与城市的关系，并在此基础上完成设计及相关细化。(图1)

2.1 理论模块的搭建

城市设计涵盖内容庞杂，对于第一接触城市课题的建筑学本科生而言，建立基本的城市设计观念，形成相对系统的设计方法论十分重要，我们在教学中通过专题讲授，保证教学活动的顺利进行。专题讲授主要集中在以下七个方面：中国社会转型与城市设计概论、城市社会调查方法、城市设计技术路线、城市设计维度、结合类型学的城市物质空间形式分析方法、空间环境设计方法与更新设计方法。理论模块辅助设计各阶段的要求，强化学生对城市设计理念与方法的认知，便于设计的推动。

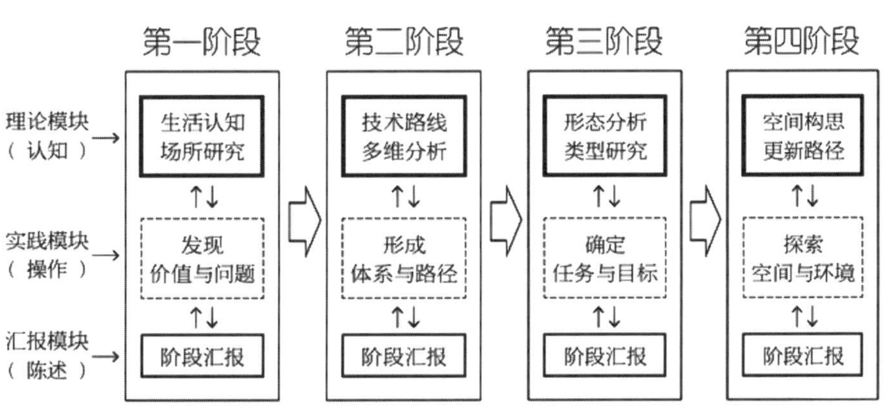

图1 城市设计教学模式框架

理论课程模块 表 1

阶段	课时	课程内容	目标
第一阶段 生活认知 场所研究	2	中国社会转型与城市设计概论	从中国城市建设的现实背景入手，讲述城市设计的来源、概念和现实诉求等，让学生建立对城市设计的基本认识
	2	城市社会调查方法	介绍城市社会调查方法，让学生建立设计的基本路径认知和社会调查方法
第二阶段 技术路线 多维分析	2	城市设计技术路线	介绍城市设计的一般流程，通过典型案例让学生了解发现问题、分析问题、解决问题的过程和设计的结合
	2	城市设计维度	讲授城市设计六个维度，让学生明确城市设计关注的主要问题，启发设计的切入点
第三阶段 形态分析 类型研究	2	类型化形态分析与设计方法	介绍类型学的基本概念，发展演变，应用方式，让学生具备分析复杂城市形态和进行形态控制的能力
第四阶段 空间构思 更新路径	2	空间与环境设计方法	介绍空间与外部环境设计的相关理论内容，让学生初步掌握城市景观和环境的设计方法
	2	更新设计方法	介绍更新设计的基本途径和方法，让学生掌握对既有建筑改造利用的途径和手法

2.2 设计实践的分解

设计实践部分的教学过程包括主体部分的四个阶段：发现价值与问题（2 周），形成体系与路径（2 周），确定任务与目标（2 周），探究空间与环境（3 周），以及成果整理阶段、成果模型推敲与制作（1 周）和成果表达（1 周），整个过程的任务要求和教学日历见表 2。

设计实践课程模块 表 2

课时	周次	阶段	任务	成果
24	1—2	第一阶段 发现价值 与问题	从历史沿革、空间形态、人群活动、城市意象等方面建立对场地的整体认识，了解地段居民的活动方式和生活场景，现状场地的发展优势和存在问题	修正现状 CAD 底图，绘制相关分析图，现状模型，梳理现状的建筑基本情况（1 ：500）分析并呈现现状整体空间，重要公共空间场景以及城市剖面。 成果方式以 PPT 汇报呈现
			对设计地段的空间形态、组群布局、单体建筑、景观环境等进行详细的分组调研	
24	3—4	第二阶段 形成体系 与路径	在前调研阶段工作基础上，聚焦地段问题，形成整体构思。讨论设计思路，建立能够体现设计目标和策略的技术路径	提出规划地段的整体发展的技术路线图及相关分析图 成果方式以 PPT 汇报
16	5—6	第三阶段 确定任务 与目标	以类型化的方式进行地段整体城市设计引导，完善和落定总体布局设计。然后，在地段中选择三组建筑，每人独立完成更新设计方案	各阶段任务书，类型化分析图，地段总平面图（1 ：500），地段规划总体轴测图，建筑原始平、立、剖面图（1 ：500），轴测图 成果方式以 PPT 汇报
8	7—9	第四阶段 探索空间 与环境	针对设计核心内容，选择各阶段的代表建筑和典型公共空间的外部环境进行深化，考虑环境景观围合形成的空间场所关系	建筑改造平、立、剖面图（1 ：500），轴测图，模式分析图，经济技术指标，节点景观细化平面图（1 ：500），模型。 成果方式以 PPT 汇报
8	10	第五阶段 模型准备 图纸整理	整合前期的所有工作，利用模型进行方案的深化与推敲。整理前期的所有图纸	完成整体模型（1 ：500）或各个建筑组群的详细模型（1 ：300）的准备。 完成图纸准备
2K	11—12	第六阶段 设计表达	完成最终成果模型	整体模型或局部大尺度模型
			完成最终的成果绘制	A1 图纸不少于 12 张，提交成果模型

3 突出能力的阶梯化培养——“自下而上”渐进更新式城市设计的教学核心

本科教学应注重对学生方法论的培养，以往“类型”化的建筑教育方式不能让学生掌握设计的基本路径，造成思维的混乱与设计的无的放矢。在教学过程中，通过整体的阶段性安排和阶梯化的提升式训练，让学生逐渐领会和掌握设计的完整思路。

3.1 以研究为基础的系列化选题

建立在地方文化深度挖掘与持续研究基础上的系列化城市更新课题能够让教学获得科研活动的有力支持，并切实推动城市更新的开展，让学生充分了解社会需求。课题的现实状况也给教学活动的开展提供了很好的素材，避免学生过于简单化地看待“自下而上”的更新方式，或者进入完全理想化的自我世界。围绕建筑学专业城市设计课程的教学目标与要求，结合教师相关研究的开展，为强化课题的持续性，教学组确立以西安明城区顺城巷沿线对象为系列选题。要求学生从地段的历史与现实状况出发，研究当地居民的生活及城市空间特征，发现地段的价值及存在问题，寻求“自下而上”渐进更新的可能性与途径，并通过对地段物质空间的“阶段性”发展与空间诉求做出回应。

教学组强调研究与设计两个范畴，研究范畴包括整个明城区与顺城巷沿线。对于整个明城区而言，学生需要了解它的历史背景与发展脉络，掌握设计地段与明城区以及周边地段的功能联系、交通联系、空间关系等城市层面的基本内容。“自下而上”渐进更新较多关注地段本体的现实问题，脱离整体环境的研判会让学生陷于局部与细节，缺失对地段整体发展和城市角色的把握。对于顺城巷沿线而言，学生需要把握顺城巷沿线的空间独特性和整体发展趋势，通过分析比较顺城巷沿线各地块功能定位、建筑风格、人群活动方式等的差异，确定设计地段在整个顺城巷系统中承担的角色。设计范畴就是具体的更新设计地段，考虑“自下而上”的特点和操作性，用地规模不宜过大，应接近多个群体组合的建筑设计用地尺度，一般面积控制在 8 ～ 15hm^2 左右。（图 2）

3.2 以问题为导向进行社会调查与价值判断

设计即创造性解决问题，更新类城市设计课题面临的问题更为复杂，教学通过对市民的深度访谈、小组协作调查，集中汇报讨论等方式推动对问题的探究，其中包括三个重要的环节：问题的提出，问题的讨论和分析，创造性地解决问题。城市是复杂巨系统，历时与共时因素的叠加使城市旧区形成自身特有的、相对稳定的制约关系，但这些关系往往又是“不可见的”。因此，研究城市旧区更新首先要“解读”地段，即对所在地区进行深入、细致的调查与分析，在这个过程中最复杂的不是发现问题，而是发现什么样的问题？教师在调研过程中对“人”与“活动”的关键性引导就显得尤为重要，通过对问题的讨论分析，引导学生探讨城市、人、场所之间的相互关系，在学生感性认知和理性分析的过程中帮助其发现设计的关键点并引导设计，是更新类城市设计的重要内容。

3.3 以“自下而上”的视角出发关注现实问题并延续设计脉络

“自下而上”不同于传统的由政府或开发商主导的“自上而下”更新方式，提倡学生从当地居民、城市居民、外来人群的视角出发，关注“在地”的现实问题和场所精神，探讨人性视角背后的城市空间设计的可能性，例如引导学生观察记录个别群体一天的城市生活，内容是什么，路径是什么，思考大规模的拆迁后，城市低收入群体如何生活，原住民的利益和情感在设计中怎么得到体现等。避免因所谓城市利益、群体利益而采取大拆大建的更新路径。“自下而上”很容易让学生仅仅关注局部而忽略整体，忽略城市发展的总体趋势，在教学中，通过实际案例的演进和城市职能的介绍，强化学生对整体问题的判断力，并利用阶段性的发展目标，使学生理解城市自我生长的路径和机制。（图 4）

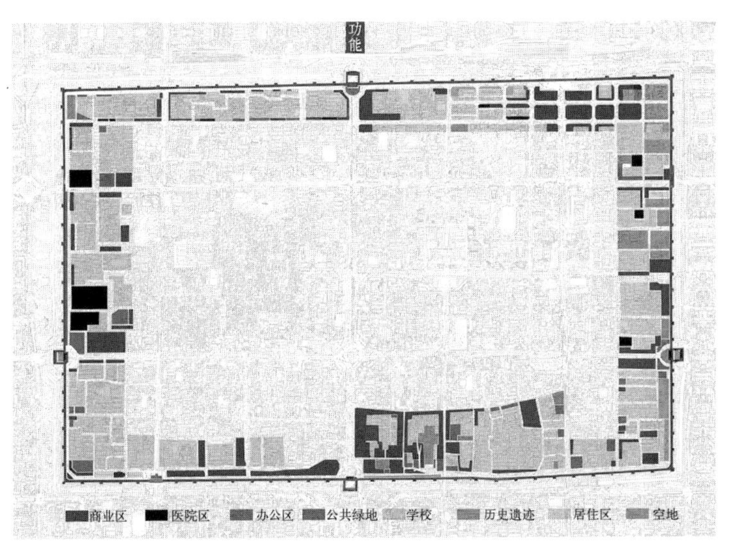

图 2 西安明城区顺城巷地段

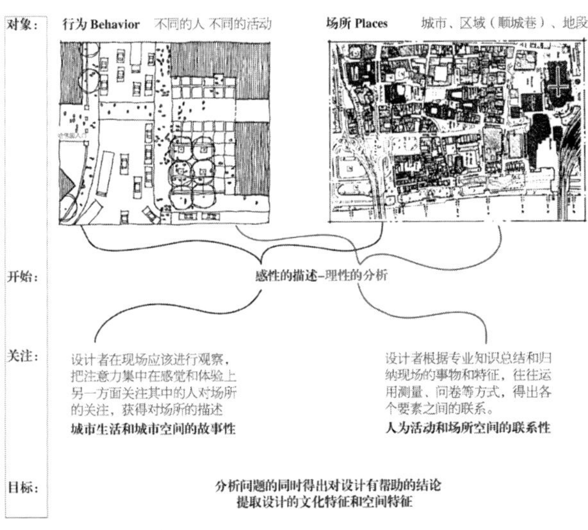

图 3 感性认知与理性分析

3.4 关注设计时序带来的空间演替

城市是不断生长演进的有机体，在不同的发展阶段，呈现不同的生命性状。外在的设计干预应当尊重城市的发展规律，以"望闻问切"的方式深入体察，发现城市的主要症状和问题，采取循序渐进的方式进行诊治，避免粗暴的大拆大建导致城市文化的断裂。教学倡导"小规模渐进式"和"以点带面"的更新方式，强调最小化地干预，通过"陪伴式"设计最大化地延续地段的文脉，并考虑城市发展的诉求。教学引导学生关注不同发展阶段的差异性，居民的不同诉求决定了空间干预随时间而变化，人为的设计介入应与相应的发展时序相一致。学生需要关注自发更新与城市经济效益的关系，土地、租金价值的变化对城市空间和生活内容带来的影响，通过对当下空间干预所带来的结果预测判定下一阶段的空间作为。(图 5)

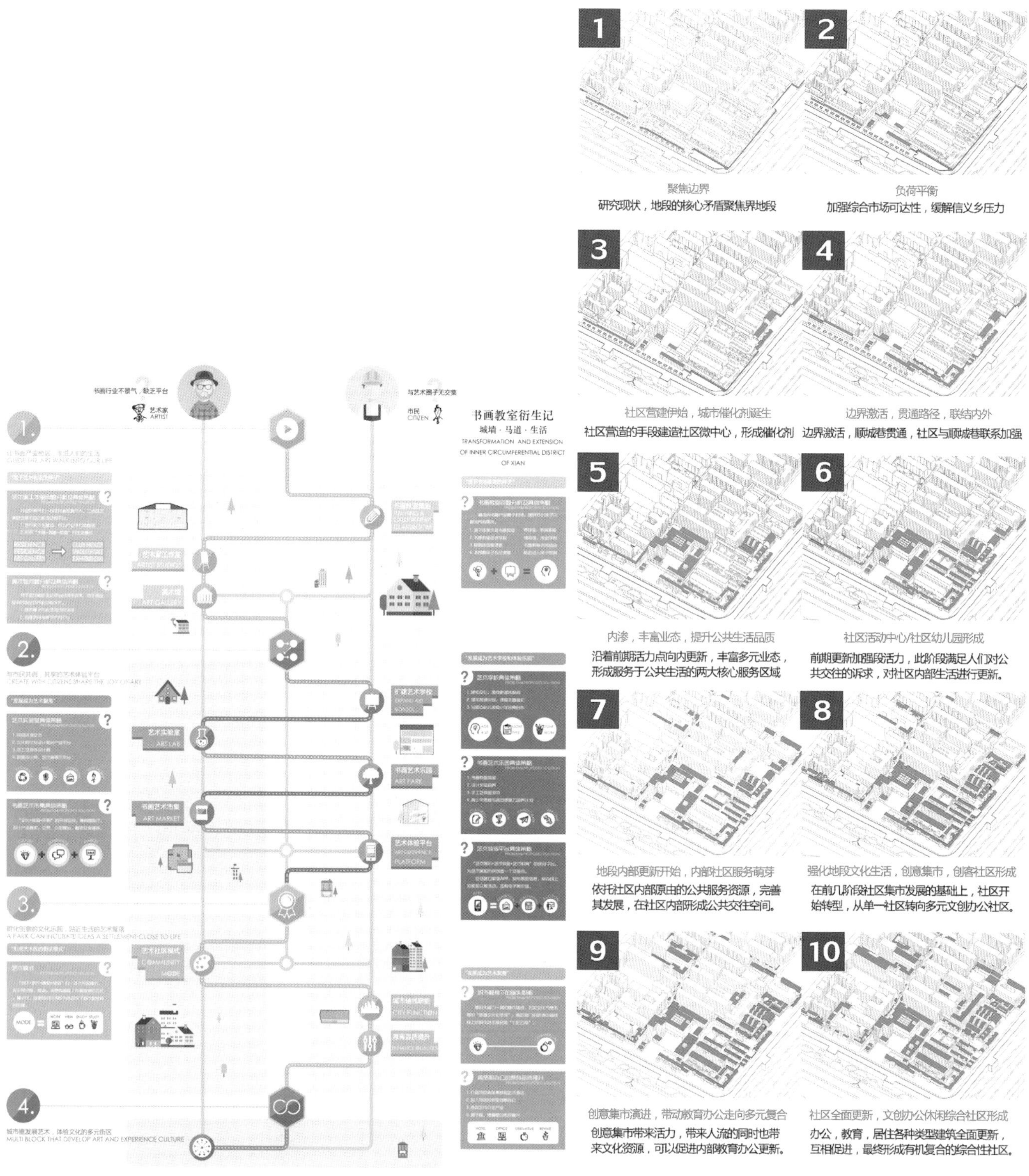

图 4　阶段性设计的技术路线

图 5　关注设计的时序带来的空间的演变

3.5 以“类型学”手段研究复杂问题，落实空间形态

在以往的设计中，从概念到方案往往依赖学生的设计天分和教师的自我判断，教学环节缺乏对空间方案的理性化推动，让设计陷入不可言说的“虚妄”之境。无论是建筑单体还是城市街区都具有类型化的特征，尤其是已建成环境，建筑的类型化研究本身就是深入理解城市空间环境生成机制的主要途径。空间的建设背景、社会状况、审美倾向、制度体系、建造手段等共同作用，最终呈现为具有一定规格的空间形态。就空间形态自身而言，同样因为空间单元的构成模式而具有典型的类型化特征。城市更新课题涉及非常多的建筑类型，学生在课程中无法对每一栋建筑进行全面的认知和设计，但整体的判断与设计引导又非常重要，因此，我们在这一教学环节中引入类型学研究，以分类细化方式解决多样的建筑空间形态认知问题，学生通过分析成果，进一步探讨建筑空间形式发展的可能性，从方法论的角度开展动态设计，而非针对单体的细化。（图 6）

3.6 以公共参与为策动，强化教学的社会价值

大学教育的根本目标之一是服务社会，建筑学专业作为应用型专业，更需要紧密关注社会的现实需求与实际状况。城市更新首先关注的是在地居民的诉求与利益，只有充分进入社区，全面深入了解居民的需要才可能明确更新目标，制定适当的更新策略和提出可行的空间干预方案。城市更新教学中通过调研前期、中期讨论与成果后期展览的方式推动公共参与（图 7）。旧城更新的主体是在地居住的老百姓，忽略了主体的任何更新改造都失去了最根本

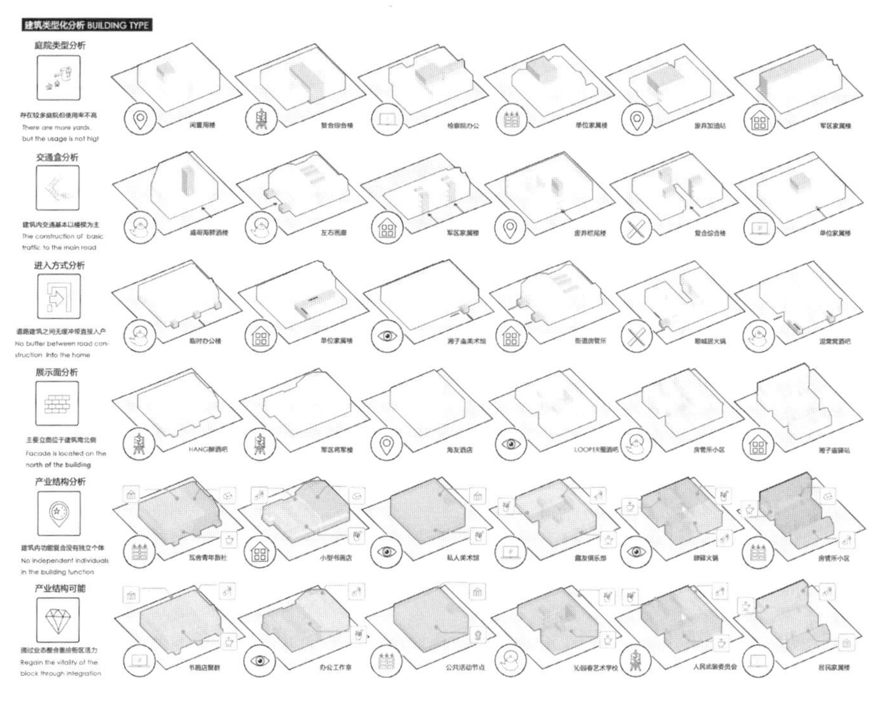

图 6　建筑的类型化分析

图 7　学生作业在设计地段办展览

的意义。社会调查首先需要了解居民的意愿与诉求，充分把握地段现实发展的实际问题；其次，在设计中期，通过座谈方式介绍学生的更新构想，听取地段社区代表的意见和建议，优化更新路径；最后，将更新设计成果在规划地段布展并进行社区居民代表座谈，在整个教学过程中，尊重来自社区的声音，考虑社区的发展需要，让学生建立全面的社区意识，推动教学和社会的直接关联。

4.结语

在近几年的教学实践中，我们强调从人与生活出发，采取"自下而上"的渐进式更新策略和设计干预，鼓励"外师造化，内发心源"的学习方法，让学生建立以解决问题为出发点的设计意识，在学习中感受城市，感受生活，尊重历史，尊重现实。这一教学框架在实践中经过不断的完善与补充，最终形成了完整的教学体系和方法，教学效果较为突出。本教学成果参加国际建协举办的世界大学生建筑设计竞赛，囊括第一名和第二名，在建筑学专业指导委员会举办的年度作业评优中连续获奖。同时，教学活动积极推动公众参与，一方面让学生深入了解中国城市建设发展的现实需求和城市生活对于空间设计的核心作用，健全学生的设计价值观，培养学生的人文情怀和社会意识；另一方面，也积极推动城市更新实践，让教学活动和社会实践紧密结合，探讨存量时代中国城市更新的可持续之路。城市更新是一个庞大的系统工程，教学中依然存在较多理想化成分，和现实的结合也不够充分，在后续的课程建设中，依然需要深入研究和探索，满足新时期对专业人才的迫切需要。

（建筑学专业城市设计课程教学组成员：李昊，裴钊，温建群，徐诗伟，叶静婕，鲁旭，周志菲，王墨泽，吴珊珊，沈葆菊）

（基金项目：2015 年陕西省教改项目"面向城市建设转型的城市设计人才培养模式和系列课程改革探索"）

参考文献：

[1] 王建国．现代城市设计理论和方法 [M]. 南京：东南大学出版社，2001.
[2] 卡莫纳等编著．城市设计的维度 [M]. 冯江等译．南京：江苏科学技术出版社，2005.
[3] 李昊．城市公共中心规划设计原理 [M]. 北京：清华大学出版社，2015.
[4] 金广君．建筑教育中城市设计教学的定位 [J]. 华中建筑，2001(2).

作者：李昊，西安建筑科技大学建筑学院　副院长，城市设计研究中心主任，教授；叶静婕，西安建筑科技大学建筑学院城市规划系　讲师

“工作室”制教学模式在高年级建筑学设计课程中的实践

陈雅兰　李帆　叶飞　穆钧

The Practice of “Studio” Teaching Mode in the Course of Senior Architectural Design

■摘要：本文分析了建筑学高年级教学特点，原有课程体系设置中存在的问题以及新形势下的教学改革需求，最终提出西安建筑科技大学建筑学院高年级所采用的“工作室”制教学模式应对现有需求的对应策略。并对该策略带来的课题选择、教学方法、评价体系、运行机制等方面的设置进行了具体阐述与分析。
■关键词：工作室　教学模式　课程结构　运行机制
Abstract: This paper analyzes the features of architecture senior teaching, the existing problems in the curriculum system and reform needs under the new form. Finally, propose corresponding strategies, “studio” teaching mode, which aim to adopt the existing requirements. And, elaborate the Topic selection, teaching methods, evaluation system and operation mechanism, etc.
Key words: Studio Mode; Teaching Mode; Course Structure; Operation Mechanism

一、高年级教学特点

1. 高年级学习重点

建筑学学习在中低年级以设计基础能力和专业素质的培养为主，到了高年级进入到专业深化、拓展阶段，更加强调创新能力的培养，那么培养创新能力最重要的前提条件是什么？首先我们需要解决以下两个问题：其一，要让高年级学生对自己的设计能力充满自信，使其理解现阶段学习内容和将来工作之间的承接关系，做好自身未来的发展规划，这样学生才有勇气进行创新；其二，来自于设计单位（雇主）的反馈，例如抱怨毕业生入行后对于实际工作无法胜任，缺乏社会经历和团队意识，这也反过来让我们思考创新能力培养不能与具体设计实践的要求脱节，成为空中楼阁般的空想。

2. 传统教学模式的特点

传统教学模式中，教师与学生、选题之间是固定搭配：每个班级对应数名教师，全年级或全班通过一个统一题目、统一地形，进行类型化建筑设计的练习。一个题目甚至会重复使用数年，教师可能会有意识地通过改变地形等设计条件来驱动学生差异性的表现，鼓励生成不同的表达成果，但依旧缺乏新意，缺乏创新推动力。因此即使学生具备一定的独立思考能力和创新热情，也可能因为对题目设置缺乏共鸣或与指导教师在设计思路中存在分歧，减少了学习兴趣，表现出主动性缺失、学习态度消极、效率低下等特点。同时应聘、留学、考研等高年级学生所需要面对的现实问题也成为多重压力分散着其专业课学习的精力。

3. 应对办法

为了应对高年级学习特点并改善原有固化死板的教学模式，对这一阶段的设计题目设定需做出调整：使其更具实践操作的真实性，或探讨研究性，或可搭建性，保证题目的新鲜度，并与学生将来去设计院工作还是继续深造进行学术研究的不同发展目标相对应，给予学生不同设计方向的选择权。在教学方法上应更加生动丰富：适度增加校外调研的比例，增加学生与社会各类型人群的交流机会。多创造分组合作的机会，使学生了解团队分工合作的重要性。这样学生才能够更好地学习和掌握实际工作环境中所要求的社会经历与团队意识。

二、“工作室”制教学模式的形制

1. “工作室”概念起源

“工作室”制概念在教学中提出最早出自于一个已有几十年历史的青年基金组织（Young Foundation），它在教育领域提出过很多新观念，包括函授大学（Open University）、拓展式学校（Extended Schools）、夏季大学（Summer Universities）等。“工作室学校”让学校回归到文艺复兴时期对工坊最原始的定义上——工作和学习相结合。据此，提出以下特点：①规模要够小；②适用于 14 ～ 19 岁的学生特点；③大部分课程不是坐在教室中完成，而是通过社会机构或实际项目的学习完成；④每个学生都有几位导师；⑤有详细的学习计划时间表；⑥在公开体制下进行，但各个工作室独立运作。

2. 工作室形制于建筑学教育的经验调整

参考以上国外的有效经验，针对建筑学高年级教学特点，我们做出了诸多调整。

1）授课规模：打散以班级为单位的授课模式，调整为学生自主选择教师与授课题目的模式。导师通过教学大纲和自身专长确定题目方向，通过学生与老师数轮双向选择的过程确定小组成员，教师也可聘请校外专家作为教学顾问，每位教师只负责几位学生（6 ～ 7 位），师生共建多个教学小组进行分组教学；

2）授课范围：本科四年级学生，课程结构图如图 1 所示；

3）题目设置：根据导师的专业研究范围拟定题目方向，可使用实际工程项目作为题目来源，或设置研究性课题，或组织参加设计竞赛，或组织进行实体搭建等。题目更具真实性、研究性或可搭建性。

4）授课时间：4 年级 2 个学期均设置“工作室”制课程，要求学生在每学期选择不同类型的题目进行学习，使学生得到多方面能力的培养与锻炼。

5）工作室模式面向整个建筑学院开放，规划、景观、技术等专业老师也可以参加到建筑学设计课程教学工作中来，使学生更能够理解和体会到建筑学与相关学科的相互关系与影响。

3. “工作室”模式特点

1）题目的延续与拓展：将原先高年级设置的高层、医疗、影剧院等类型化设计课程包含到“工作室”制的课程体系板块当中，保持原来教学体系中的优秀经验，再将范围扩展到建筑技术、室内设计、结构与构造设计、数字化建筑、地域性建筑设计、教育建筑设计等更多方向。课题可划分为“大型公建设计”、“建筑设计前沿研究”、“地域性建筑设计研究”、“建构与建筑设计”四个大的方向；

2）导师的多元化：各工作小组可邀请系内教师、系外教师、甚至校外教师共同参与课题。形成多方向、多课题、多选择的局面，使学生的学习更有实践意义；

3）教学方法的灵活性：工作室模式打破传统

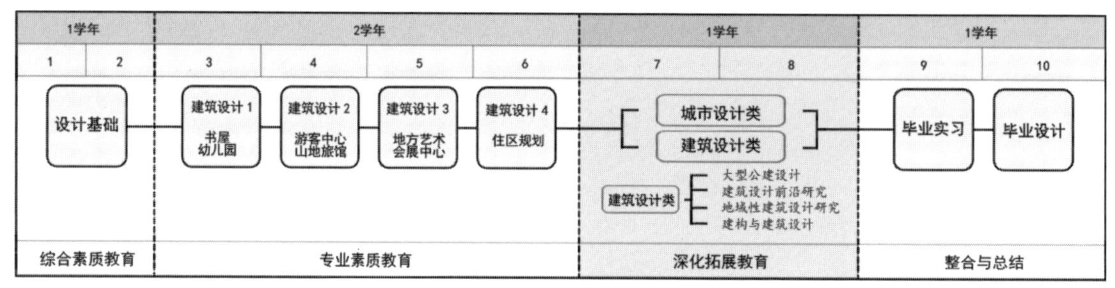

图 1　课程结构图

的教师固定在学生班级的模式，极大激发了学生的兴趣和教师的特长。不同的课题采用针对性的教学方法：实地考察、踏勘、社会调研、问卷调查、网络调研、网络教学、模型教学、分组合作、实地搭建等。"工作室"模式多采用团队合作的方法，以真实的工作案例作为题目，将团队合作，实际操作的教育方法放在核心位置；

4）理论课程设置：高年级理论课程教学内容与专业实践和拓展教育紧密相关，其中部分课程向更加细致和专业的方向发展，例如："建筑数字化设计"、"环境心理学"、"生态技术专门化"、"建筑计划与设计"等专业理论课程与设计课程结合在一起开设。根据学生所选题目不同，教师对学生所选理论课程进行相应要求，学院也针对不同教师开设的题目，根据教师要求，增设不同理论课的配备，并要求学生有相应的理论课设计成果，且必须与其最终设计成果相关。学生在选择题目的同时，根据不同题目要求和老师的建议，选择不同的理论课以支撑设计的完成，具有针对性。

三、运行机制

1. 课题确定

为使题目设置更加严谨，同时使不同方向课题能够在同一平台上进行评价与竞争，课题报名后，院系成立专门的课题审查小组，邀请各个领域专家对课题进行审查，提出修改意见，于完善后作为正式课题挂牌招生。课题审查从前一学期的期中开始，按照征集、审定、选课的次序分周次进行。

2. 学生工作

工作室模式由于其特殊性——打破了班级的模式，为使学生适应这种变化，各课题教师在学期正式开始之前，提前组织与学生的见面，进行工作准备，学生报名和确认工作在前一学期放假前结束。

3. 答辩环节与成绩评判

为保证每位学生的参与度和公平性，答辩当天所有学生均要参与答辩，而各组导师不参与本组学生的答辩环节，但是要于当天给出评图成绩，约占40%，而由系里统一邀请院内和院外评委（专家库中抽取），答辩成绩占到60%。这一举措是为保证学生最后成图的完成度和对答辩这一环节的重视，同时，降低指导老师在最终成绩中的主观性。

四、不同方向的教学实践

1. 大型公建设计

针对以往四年级课题（医疗、高层、影剧院）提出，意在整合前三年的设计技能，并向更专、更深发展，具有技术性和特殊性。

题目：再生——城市更新背景下的精品主题酒店设计。

伴随着我国产业结构升级和房地产行业的快速发展，在城市中曾经扮演重要角色的产业类街区已成为当今城市更新的重要内容，其具有鲜明的时代特征，是城市发展历史的重要载体，同时凭借其优越的地理位置和较好的建筑空间适应性，产业建筑的更新、改造已成为建筑设计行业发展的又一重要领域，为建筑师提供了新的机遇与挑战。随着国内旅游业的飞速发展，作为旅游业三大支柱之一的酒店业也蓬勃发展起来。但产品同质化诱发的价格竞争，消费需求的个性化趋势和体验式旅游的快速发展等给国内酒店业的发展带来了新的挑战。另外，国际知名品牌酒店在国内异军突起，给国内酒店行业的生存也带来了巨大的压力。而主题酒店的出现，为解决国内由于产品同质化引发的价格竞争，满足消费者的个性化需求等问题提供了新的思路。

2. 建筑设计前沿研究

采用最新的设计理念，结合最新的设计技术进行探索性设计，尤其注重设计的创新性和前沿性。

题目：T-Splines仿生空间的营造

T-Splines是由T-Splines公司开发的一种具有革命性的崭新建模技术，它结合了Nurbs和细分

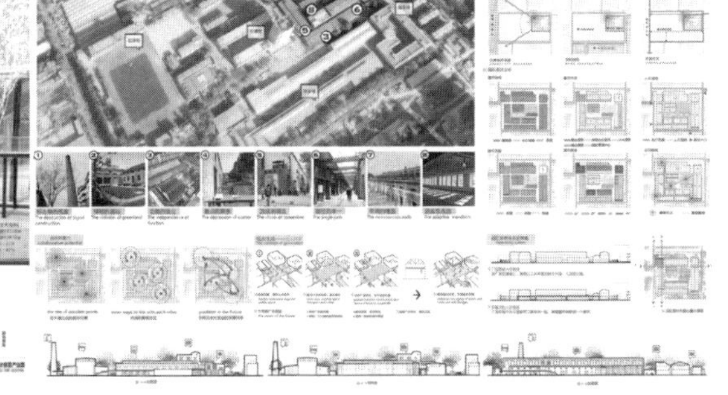

图2　学生部分成果展示

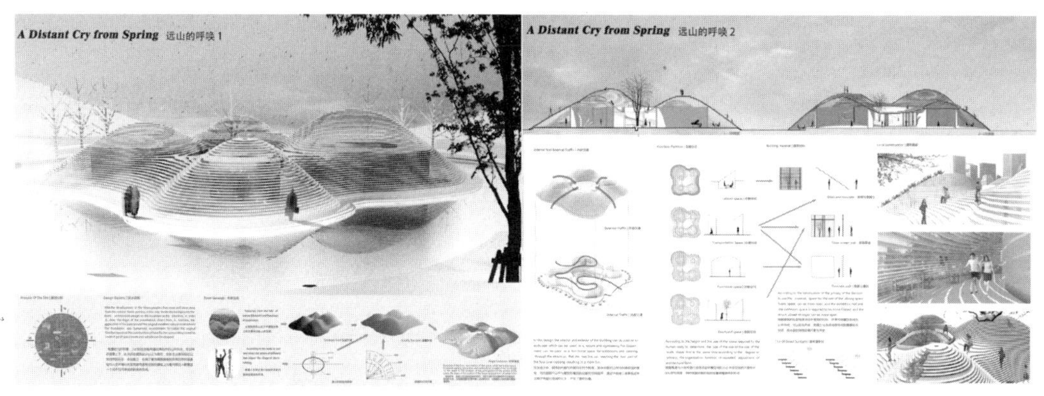

图 3　学生部分成果展示

表面建模技术的特点，虽然和 Nurbs 很相似，不过它极大地减少了模型表面上的控制点数目，可以进行局部细分和合并两个 Nurbs 面片等操作。T-Splines 让使用 Rhino 作为模型工具的设计师轻松地创作出有机生物模型，从输入线条、网格或者是 nurbs 曲面。Tsplines 是一种基于 NURBS 的新的建模技术，简单的可以称他为 NURBS 的细分建模工具，在 rhino 中 tsplines 是一种单独的格式 T-SplineSurface 存在。通过理解 T-Splines 插件的特点，同学们可以找到 T-Splines 插件在放生建筑中的使用方法，通过对插件的深入使用，同学们可以进一步通过学习运用 T-Splines 等插件完成对仿生建筑特有的建筑形式的诠释。仿生绝对不仅仅只是对生物形态的模仿，它应该找到这些生物在这个世界中存在的原因，如何将这些原因与建筑因素所关联，才是关键。

3. 地域性建筑设计研究

我校处在西北地区，具有多年的地域性建筑研究经验，将本科学生纳入我校传统的研究课题中，具有本校特色。

题目：三原县柏社村地坑窑院改造与更新

古老的窑洞在建筑学上属于生土建筑，其特点就是人与自然和谐相处、共生，简单易修、省材省料，坚固耐用，冬暖夏凉。下沉式窑洞就是地下窑洞，主要分布在黄土塬区——没有山坡、沟壁可利用的地区。这种窑洞的做法是：先就地挖下一个方形地坑，然后再向四壁窑洞，形成一个四合院。人在平地，只能看见地院树梢，不见房屋。三原县柏社村是典型的下沉式窑洞村落。

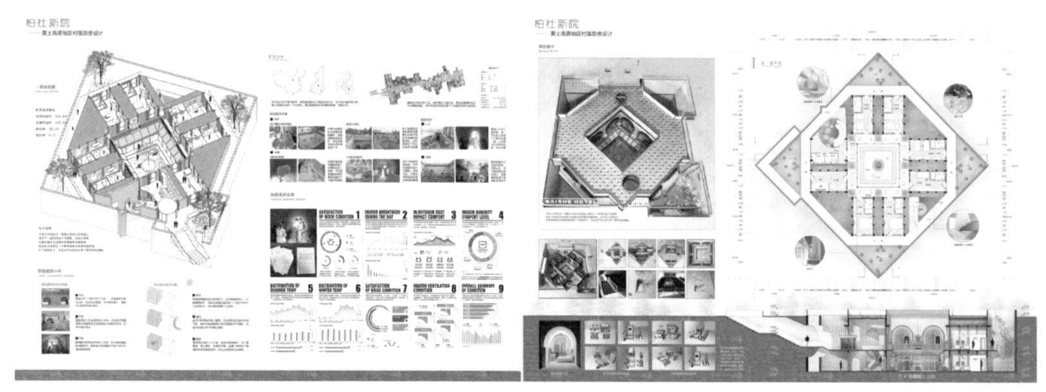

图 4　学生部分成果展示

4. 建构与建筑设计

建筑构造和材料一直是本校所重视的课题，无论什么建筑都离不开这两点，提出此方向，意在让学生意识到建构的重要性。

题目：有形·有境一基于夯筑工艺的材料视觉表现与建筑设计

本课程所依托的实际工程项目，为位于福建南靖县梅林村的住建部示范建设项目："南靖土楼建筑文化展示中心"。该项目所在的梅林村位于厦门市以西 170km，是世界文化遗产南靖土楼保护区中的代表性传统村落，70% 以上的既有建筑为传统土楼类民居，传统村落

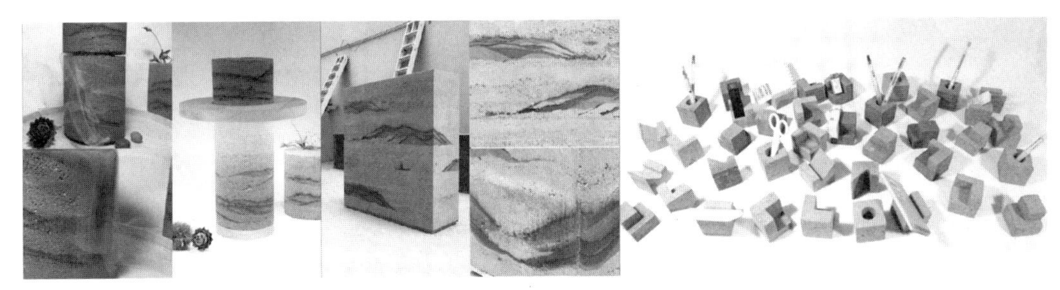

图 5　学生部分成果展示

格局保留基本完好。本项目计划利用现代夯土建造技术，在村内设计兴建一栋小型公共建筑（建筑面积≤ 8002），在展示传统土楼建筑文化的同时，对传统夯土建造技术的革新和现代化应用进行示范。

本课程设计划分为“材料视觉表现与设计”和“建筑与空间设计”两个相互联系且独立的主题，前者由 8 位学生完成，后者由 6 位同学完成。国内的建筑学本科教育长期处于“图纸教育”、“快题教育”的框架下，学生长于务虚，而不懂实操，更令人担忧的是学生对材料和建造本身的麻木与冷漠。所以本课程试图针对以“土”为基本材料，以“夯”为基本工艺，通过大量的手工操作实践，激发学生对自然材料的情感，体会建造本身带来的乐趣，引导学生对建筑学的兴趣点重新回归到手工艺本身。同时也希望这种我们国家久违的了工匠精神能在这些同学心中生根发芽。

五、结语

建立“工作室”模式旨在让学生们拓展学习建筑学科多个方向的知识和技能。使学生尝试接触多方向的设计方法与过程，增强学生对建筑设计方式的思考，增加学生对建筑设计方向的深层理解，扩展学生对建筑设计的认识。本课程设置在建筑学专业本科四年级全年，是专业素质教育环节，在前三年设计基础知识、理论知识和设计技能学习的基础上，在本阶段积攒的知识，能够帮助其理解建筑设计的多元性，通过多方向、多类型的设计训练，提高学生的设计创造力、加强对基础知识和技能的综合应用能力。

参考文献：

[1] 李帆，李志民，王晓静．建筑学专业高年级理论与设计课程结合的教学改革实践 [J]. 陕西教育（高教版），2013，11:69.
[2] 王国荣．建筑学专业高年级建筑设计教学新模式 [D]. 西安建筑科技大学，2010.
[3] 阳海辉．建筑学专业工作室制教学模式研究 [J]．大众文艺，2014 (34818) 233–234.

图片来源：

图 1：作者自绘。
图 2：学生部分成果，学生：韦拉 马琼，指导教师：温宇、李曙婷。
图 3：学生部分成果，学生：王瑛琪，指导教师：王东、井敏飞。
图 4：学生部分成果，学生：李强，指导教师：李岳严、梁斌 。
图 5：学生部分成果，学生：顾倩倩、胡小泽、雷智博、任艺潇、魏晓雨、周全、周师平，指导教师：穆钧、蒋蔚。

作者：陈雅兰，西安建筑科技大学建筑学院助教，在读博士；李帆，西安建筑科技大学建筑学院 副教授；叶飞，西安建筑科技大学建筑学院 建筑系主任；穆钧，西安建筑科技大学建筑学院 教授

绿色建筑技术基础教学体系思考

何文芳　杨柳　刘加平

The Knowledge System of Green Architectural Technology Education

■摘要：分析当代绿色建筑实践问题，从建筑技术专业与建筑设计专业在理论和方法层面的差异出发，思考绿色建筑技术教学的定位，提出以绿色性能为目标的绿色建筑技术教学方向。在此基础上，以西安建筑科技大学为例，针对现有本科绿色建筑技术课程概念不明确、比例不协调、种类不丰富、衔接不到位等问题，提出以理论认知为基础，以体验感受为桥梁，以反复实践为核心的绿色建筑技术教学体系，为培养绿色建筑专门人才提供有效途径。

■关键词：建筑教学　建筑技术　绿色建筑性能　教学体系

Abstract: From the theory and methods differences between Architectural techniques and architectural design, the problem of contemporary Green Building Practice is analyzed, the position of green building technology teaching is thought, and the green performance goals of Architectural Technology Teaching is suggested. On this basis, the problem of Xi' an University of Architecture & Technology is taken for example, the teaching method of Theory Cognitive, Experimental Experience, and Design Practice is put forward.

Key words: Architectural Education; Technology; Green Building Performance; Knowledge System

一、引言

在21世纪可持续发展的新形势下，绿色建筑作为其必然应用，已经开展了大量的研究工作，高等院校也增设了相关课程。然而建筑师的绿色建筑实践依然问题重重：1）绿色建筑实践需要建筑学与土木、暖通、给排水、材料等技术学科的通力协作才能完成，但过分细化的学科与专业分工，割裂了学科间的有机联系，建筑师往往缺乏处理相关学科问题的能力，失去对建筑整体性的把握。2）从暖通等学科出发的绿色技术研究较多，但成果集中于参数繁多的指标体系、设置复杂的分析工具，这些成果与建筑设计缺乏必要的联系。而从设计本身出发的绿色建筑研究甚少，致使建筑设计和绿色技术难以融合，所谓的绿色建筑实践，往往止步于披上“绿色技术”的外衣。不难发现，当前绿色建筑实践困境之症结，在于对接建筑设计与绿色技术，并实现已有绿色建筑成果转换。

建筑技术科学专业作为建筑学二级学科，长期承担建筑结构、建筑设备、建筑材料与构造，以及建筑物理等方向的研究和教学工作。在可持续发展的新形势下，建筑技术科学成为建筑学与其他土建类技术学科联系的桥梁，肩负着融合建筑设计与绿色技术，并为绿色建筑实践提供技术支撑的重要使命。

二、教学方向思考

（一）以绿色建筑性能为目标

提升建筑环境、控制建筑能耗增长、降低建筑碳排放量是绿色建筑的重要属性。然而我国高校建筑学专业教学，侧重“功能、空间与形态”的职业技能训练，使得建筑的实用性和艺术性处于绝对的首要位置，而建筑的技术、经济以及绿色属性被误解为次要的、附加的、从属的东西，受到轻视甚至忽视。

与之相应的是，当前“所谓”绿色建筑实践，往往将绿色技术与建筑设计简单叠加，建筑的绿色属性也仅仅成为建筑的附加标签，难以从根本上实现绿色建筑。

从绿色建筑的根本目标看，应重新审视以“形式和功能”为核心的现代建筑教学、实践方式，探索以“绿色性能”为目标的新型建筑体系。

（二）绿色建筑性能认知的阶段性

绿色建筑性能认知是实现绿色建筑的基础，也应是绿色建筑基础教学的重要内容。然而绿色建筑性能包括物理环境、能耗和碳排放等，类型多样，难易程度也有差别。其中物理环境与人体感知相关，与生活经验的联系也最为密切。例如光环境可以通过视觉感知，声环境可以通过听觉感知，热环境感知主要依据皮肤，空气质量感知等可以通过黏膜组织。相对而言能耗和碳排量的概念抽象，评价依据多为参数指标，计算过程复杂，理解难度较大。绿色建筑性能之间的差异性，决定了认知的阶段性。针对基础教学，应以建筑环境性能为主要学习内容，能耗、碳排等绿色性能可在高年级或者研究生阶段介入和强化。

三、教学体系思考

围绕实现建筑绿色性能的目标，西安建筑科技大学建筑技术教学，拟做如下方法探索：首先通过理论教学方式完成绿色性能概念的认知；然后通过实验教学方式建立对绿色性能的体验和感受；最后通过融合设计教学方式建立建筑功能、空间、形体与绿色性能的对应关系，并达到反复强化以“绿色性能”为目标的建筑设计理念。

（一）既有教学体系及其特点

自2000年以来，西安建筑科技大学针对本科绿色建筑技术教学，开设多门绿色建筑课程，从“理论认知”、“体验感受”、“设计实践”三个方面，可将课程内容归纳如表1所示。

西安建筑科技大学现有绿色建筑技术课程 表1

	理论认知	体验感受	设计实践
课程体系	建筑热环境（22学时）	建筑热环境实验（2学时）	建筑热环境课程设计（0.5K）
	建筑声环境（22学时）	建筑声环境实验（2学时）	建筑声环境课程设计（0.5K）
	建筑光环境（22学时）	建筑光环境实验（2学时）	建筑光环境课程设计（0.5K）
	室外物理环境（22学时）	室外物理环境实验（2学时）	—
	太阳能建筑设计（16学时）	—	—
	建筑与城市气候设计（16学时）	—	建筑与城市气候设计课程设计（1K）

现有绿色建筑技术课程中，理论课程包括建筑热环境、建筑光环境、建筑声环境、室外物理环境、建筑生态环境，以及太阳能建筑设计、建筑与城市气候设计，全面介绍了建筑物理环境的组成和工作原理；体验课程为建筑室内外物理环境实验课，以训练物理环境实验仪器操作为主；实践课程有建筑热环境、声环境、光环境课程设计，以及建筑与城市气候设计课程设计，培养学生对物理环境性能的调控能力。

这些课程基本建立了以环境性能为主的本科绿色建筑教学体系，但尚且存在不足：

1）概念不明确。当前的绿色建筑技术课程在教学安排上，以建筑物理为切入点，学生在对绿色建筑毫无认知的前提下，学习复杂的物理环境知识，难以建立系统的绿色建筑性能概念。

2）比例不协调。从表 1 不难发现，已有绿色建筑技术课程的学时分配中，理论学时比例大，实验和设计学时比例小。学生仅从文字、公式中学习建筑物理环境知识，不仅难以培养学习兴趣，更不利于对理论知识的掌握。

3）种类不丰富。建筑环境性能的调控能力需要通过反复的设计实践来培养，然而现有的设计实践课程，仅为四门技术理论课的课程设计，种类严重匮乏。

4）衔接不到位。我国建筑学教学体系中常有实习环节，包括色彩实习、建筑认知实习、古建筑测绘等，帮助学生通过亲身体验的方式深层理解建筑，成为衔接设计理论与设计实践的重要桥梁。然而绿色建筑技术课程中，理论课程仅介绍绿色建筑的组成和原理，设计实践却综合考验绿色技术与设计的融合能力，因此从理论学习直接进入实践操作，缺乏体验和感受等衔接环节。

针对以上问题，拟对绿色建筑技术课程体系进行调整（表 2）。

西安建筑科技大学拟建设的绿色建筑技术课程体系 表 2

	理论认知	体验感受	设计实践
拟建课程体系	绿色建筑概论	—	—
	绿色建筑案例解析（24 学时）	—	—
	建筑热环境（24 学时）	建筑物理实验 Ⅰ （16 学时）	建筑热环境课程设计（0.5K）
	建筑声环境（24 学时）	建筑物理实验 Ⅱ （16 学时）	建筑声环境课程设计（0.5K）
	建筑光环境（24 学时）	建筑物理实验 Ⅲ （16 学时）	建筑光环境课程设计（0.5K）
	室外物理环境（24 学时）	室外物理环境实验（16 学时）	室外物理环境课程设计（0.5K）
	—	物理环境认知、实测与优化	—
	—	建筑与城市性能化模拟	—
	—	—	小型建筑性能优化设计
	太阳能建筑设计（16 学时）	—	太阳能建筑设计
	建筑与城市气候设计（16 学时）	—	建筑与城市气候设计课程设计（1K）
	发展多样化绿色技术课程	—	发展设计课技术辅导环节
	……		……

（二）教学体系调整与完善

1. 以理论认知为基础

首先补充绿色建筑概念认知。在建筑物理课程之前建设《绿色建筑概论》课程，全面介绍绿色建筑和绿色性能的基本概念，明确建筑绿色属性在建筑中的定位，解读物理环境与其他绿色性能的关系。帮助学生明确建筑环境系列课程的作用，建立系统的绿色建筑性能概念。

其次强化绿色建筑性能目标。建设《绿色建筑案例解析》课程，通过观看建筑作品实景照片、构建 3D 建筑实体模型、解读绿色技术图示和建筑性能示意图等方式，进一步强化建筑的绿色性能概念，强化以建筑绿色性能为目标的设计理念。

最后建立以环境性能为主以其他绿色性能为辅的理论课程体系。在已有的建筑物理环境系列理论课的基础上，增加多样化的绿色技术课程，为学有余力的同学，提供全面了解绿色建筑性能的机会。

2. 以体验感受为桥梁

调整课程比例。建筑物理实验，以实验仪器操作为手段，培养学生利用仪器测量感知物理环境的能力，是重要的绿色建筑体验感受环节。为此调整原有建筑物理课程比例，一方面将从属于理论课的实验部分，设置成独立的实验课程，以有效利用实验室的人力资源。另一方面大大延长了实验学时，为学生提供深入体验的机会。

在此基础上设置建筑环境性能的“体验感受”环节：

首先，在建筑室内外物理环境实验的基础上，建设《建筑物理环境认知、实测与优化》

课程，拟在真实建筑中操作仪器设备，测量和整理建筑环境测量数据，并进行简单的物理环境性能分析。该课程有利于强化训练利用仪器测量感知物理环境的能力，同时建立测量数据与物理环境性能的关系，培养数据分析物理环境性能的习惯。

其次，建设《绿色与城市性能化模拟》课程。系统介绍绿色建筑性能化模拟技术，讲述软件操作方法，解读生成的参数化图像。初步培训学生软件操作，并培养利用模拟技术感知建筑物理环境，并判断物理环境性能的能力。

3. 以反复实践为工具

优化绿色建筑实践路径。绿色建筑设计实践应由简到繁、由浅到深，为学生提供循序渐进的实践机会。为此针对低年级的小型建筑设计方案，开设《小型建筑性能优化设计》课程，一方面反复训练测量和模拟工具的使用，另一方面培养运用测量和模拟工具，发现原始方案性能缺陷，并提出优化的能力。

设置多样的综合设计课程，丰富绿色建筑实践类型。可积极配合现有建筑设计课程，加入绿色建筑辅导环节，通过反复的设计实践强化绿色性能概念，促进以绿色性能为目标的方案调整和优化。

四、结论

分析当代绿色建筑实践问题，从现代建筑技术专业与建筑设计专业在理论和方法层面的差异出发，思考绿色建筑技术教学的定位，提出以绿色性能为目标的绿色建筑技术教学方向，而从建筑绿色性能理解的难易程度看，本科阶段应以建筑的环境性能为绿色建筑教学主要内容，以其他绿色性能为辅助内容。

以西安建筑科技大学为例，针对现有本科绿色建筑技术课程概念不明确、比例不协调、种类不丰富、衔接不到位等问题，提出以理论教学为基础，完成绿色性能概念的认知；以体验教学为桥梁，培养通过实验测量和模拟感知绿色性能的能力；以反复实践教学为工具，建立建筑功能、空间、形体与绿色性能的对应关系，促进以绿色性能为目标的方案优化。

参考文献：

[1] 清华大学建筑节能研究中心．中国建筑节能年度发展报告2012[M]．北京：中国建筑工业出版社，2012.
[2] 张群，王芳，成辉，刘加平．绿色建筑设计教学的探索与实践[J]．建筑学报，2013，08:102-106.
[3] 岳鹏，赵西平，杜高潮，何梅，郭华．技术新形势下的建筑构造课教学方法研究[J]．高等建筑教育，2009，18（01）:126-130.

作者：何文芳，西安建筑科技大学建筑学院建筑技术科学教研室　副主任；杨柳，西安建筑科技大学建筑学院建筑技术科学教研室　主任，教授，博士生导师；刘加平，西安建筑科技大学建筑学院　院长，中国工程院院士，教授，博士生导师

创新性人才需求导向下地区城乡规划培养模式的探索

任云英　张沛　白宁　黄嘉颖

The Exploration on the Vernacular Education Mode of Urban and Rural Planning Oriented by the Requirement of the Innovative Talents

■摘要：多年来西安建筑科技大学城乡规划专业在传承和创新的基础上，以人才需求为导向，与时俱进，形成了自己的教学体系和特色，形成了基于文化、生态及培养路径等方面的地域模式的探索和实践。面临新时期的挑战，不断重新审视城乡规划教育所面临的挑战，提出地区城乡规划教育应当承担文化自觉、文化振兴及文化复兴的使命；基于地区差异，从自然基底、文化生态反思人地关系；同时提出城乡规划学教育应当建构从地方经验、本土路径到地域模式的自觉探索，进而建构适应地区差异的城乡规划教育的多元化格局和方法路径；最终形成"三主线、三平台"、模块化、系列课程及课程群的教学核心及专业培养计划，并基于信息化时代教学模式的特点发掘专业培养的历史经验和特色创新的内在规律。
■关键词：地区城乡规划　地方经验　本土路径　地域模式　文化自觉
Abstract: Over the years, on the basis of inheritance and innovation, the cultivate method of urban and rural planning in XAUAT(Xi 'an University of Architecture and Technology), keep with the oriented by the demand or talent as well as to keep pace with the times, had formed its own teaching system and the characteristic, which has formed geographical pattern of exploration and practice on the view of the cultivation path considered the cultural, ecological factors based on the difference of the variety area. Based on the basic understanding of the situation of the "new normal", re-examine challenges faced by the urban planning education at the cultural, ecological and geographical model. And then proposed the regional urban and rural planning education should assume the mission in cultural consciousness, cultural revitalization and Cultural Renaissance. Based on differences of regional, rethink the relationship between human and land with the natural substrate, cultural and Ecological. Meanwhile, the paper put forward urban planning education should construct conscious exploration from the local experience, local path to the geographical pattern, and then construct the diversified pattern and method of urban planning education to adapt to

the regional differences. It has been formed a modular with the specific "three main lines, three platforms" with the several series of curriculum and teaching of the curriculum group of core, the professional training plan based on the new challenge from information age, the characteristics of the teaching mode, excavate the historical experience of professional training characteristics of innovation as well as the inherent law derived from above.
Key words: Vernacular Urban and Rural Planning; Vernacular Experience; Vernacular Path; Vernacular Characteristic; Cultural Self-Consciousness

随着我国城市化发展进入新的转型时期，新型城镇化、大数据时代背景下，从规划的对象、规划内容、规划理论与方法等方面不断出现新的形式和要求："多规合一"、"存量规划"、"城市设计"、"街区式住区"、"美丽乡村"、"宜居乡村"，等等，都对城乡规划人才本科培养提出了新的要求。此外信息社会背景下新的教育模式和平台也使得大学本科教育在方式方法上面临不断地更新、充实与提高，如微课、MOOC（Massive Open Online Courses）、翻转课堂（Flipped Classroom，Inverted Classroom）等教学模式，极大地改变了知识的传授方式、传播内容和传播途径，对当今城乡规划教育也提出了新的挑战。低速率的传统教育体制与教学模式难以适应信息社会中知识爆炸式增长并且迅速更新换代的教育需求。如何在不断变化的条件下，适应社会发展对创新性人才的需求，调适规划教育理念、内容、模式与方法，是当前城乡规划教育所面临的重要挑战。

西安建筑科技大学是国内"建筑老八校"之一，城乡规划学科历史可追溯到20世纪50年代在建筑学学科设置的城市设计专门化方向，1985年开始城市规划方向研究生培养工作，1986年设立城市规划本科专业。2003年、2006年、2007年先后被评为陕西省名牌专业、陕西省重点学科和国家级特色专业、国家人才培养创新试验区。2000年、2006年、2012年连续三次以优秀级通过全国高等学校城市规划专业（本硕）评估，也是西北地区唯一一所拥有建筑学、城乡规划学和风景园林学三个一级学科博士学位授予权及其博士后流动站的院校。多年来，在传承和创新的基础上，以人才需求为导向，与时俱进，形成了自己的教学体系和特色。

一、基于专业特点和地域特色的目标定位

（一）从自然基底、文化生态反思人地关系

人地关系是指人与空间（地理环境）之间的相互联系和相互作用，一方面反映了自然条件对人类生活的影响与作用，另一方面表达了人类对自然现象的认识与把握，以及人类活动对自然环境的顺应与抗衡。我国西部地区地理条件复杂，形成了不同地域环境条件下，适应于地域自然、人文以及经济发展条件的城市建设行为及地方性特征。以西北地区为例，黄土高原、蒙古高原、青藏高原、河西戈壁绿洲、西域沙漠绿洲等孕育了不同类型的城市，如河谷型城市、戈壁绿洲城市、沙漠绿洲城市、高原型城市等。同时由于自然地理基础的制约，形成了适应地方性发展的城市规划实践。

以西北干旱区为例，该地区生态脆弱，城镇主要分布在沿内陆河流域的绿洲之上，其发展既依赖于绿洲的生态稳定性，同时人类的社会、经济活动又对其所处的绿洲生态系统的稳定性产生一定影响，从而影响到这一地区乃至国家的生态安全。随着全球土地荒漠化的不断加剧，生态安全成为城镇建设发展的首要矛盾，这些处于荒漠地区的城镇不仅承载着地区的社会、经济和文化发展的职能，更承担着地区生态安全和可持续发展的重要使命。相应地，其发展受到土地承载力、生态承载力、水资源承载力以及产业持续发展等诸多外力的约束，因此，城镇化进程中所面临的最大的威胁是来自于脆弱生态环境条件下的生态安全和生存竞争的严峻挑战。城规专业人才培养立足于这一地域特色，基于脆弱生态区人地关系的认知，建构学生对于城乡空间及其所处的地域生态环境的深刻认知，进而完善其专业知识体系。

因此，为适应我国社会主义现代化建设需要，培养德、智、体全面发展，具有良好综合素质与创新能力的社会主义建设高级专门人才，我校城市规划专业坚持"以人为本，尊重自然，注重人文，承启历史，回应时代，面向未来，立足西部，回归本原"的办学理念，遵循"厚基础，宽口径，高素质，强能力"的办学宗旨，努力创造良好的开放型教育环境，提

供良好的社会实践条件，以城市规划专业能力培养为主线，建立合理的专业教育体系和完善的知识结构，加强基础教育，强化理论思维训练与实践性环节，注重培养学生的综合素质和能力。立足西部，服务全国，面向世界，建立和健全具有我校特色的城市规划专业。

（二）从文化自觉、文化振兴到文化复兴

"城市作为物质的巨大载体，它为人们提供一种生存的空间环境，并在精神上长久地影响着生活在这个环境中的每个人。城市作为文化载体……真实地反映了社会历史的文化价值。城市的文化传统是一种环境氛围，是价值观、政治、宗教思维模式、情绪状态、审美意识、文化素质等多方面的综合体现。……是形成民族心理内聚力的基础，是世代相传的东西，是传统的精髓。[1]" 但是，自近代以来，中国传统文化在现代化大潮中逐渐式微，在城乡规划教育领域中重物质和经济发展轻文化和城市精神，往往导致了诸多的文化怪现象，包括"奇奇怪怪的建筑"，因此，重新审视中国传统文化及其精神价值，建立民族的文化自觉，是城市振兴的基础要义。

对此，吴良镛先生曾提出基本理念加地域模式的探索目标，他认为，"当前的任务是寻找新的秩序。就文化言，既要承认、认识多元文化，……又要看到多元带来的种种纷繁与杂乱，……要从多种模式上追求'和而不同'（harmony with difference），'乱中求序'（order with chaos），……我们应当从中国文化中吸取营养，并创造性地注以新的科学概念"[2]。城乡规划教育莫不如是。

西北地区历史文化遗产资源丰富，借助于历史文脉保护及制约因素下的城乡规划文化观念的建立，有利于学生进一步建构和完善自己的人生观、价值观等，同时，面对新型城镇化发展战略，文化复兴成为国家战略，从文化自觉、文化振兴到文化复兴，是城乡规划教育所面对的第一个重要课题。一方面，是重塑文化自信，建立基于文脉传承的城市精神和价值观念；另一方面，是如何应对新常态下关于存量规划、历史保护和旧城的有机更新等实践问题，更使城市文化价值的再评估具有时代意义，也是"新常态"背景下，城乡规划教育所面临的重要使命。

（三）从地方经验、本土路径到地域模式

自 1949 年中华人民共和国成立以来，中国始终面临着如何认识世界、改造世界的命题，拿来主义成为城市规划理论的主要形式，无论是苏联模式还是改革开放后的西方理论。虽然在此过程中，不同地域的城市化和经济发展推动了城市建设的脚步，同时也迫使城市规划学科、理论不断适应中国的发展特征进行了一系列的探索、研究和实践。但在这个过程中，单向的借鉴格局在较长的历史时期没有发生质的改变，当代语境下的中国模式及其城市规划历史理论在国际层面的对话处于缺位状态。所谓对话，即对等的交流、融通和提升。重实用、轻理论的现状导致我国城市规划理论体系化进程任重道远。一级学科的建立也仅仅只是一个新的良好的开端，但是，理论体系建构及其可持续发展的系统的框架体系还未能适应中国城市化建设和城市规划发展的诉求。

随着市场经济体制的建立与完善，城市物质要素与空间资源更明显地表现出依靠市场力量进行优化配置；同时随着政府职能的转变，城市规划也越来越走向宏观与战略的研究，也成为政府宏观调控的手段，因而城市规划被视为城市发展的龙头，这已成为政府与公众的共识。这些都要求城市规划者必须关注在城市物质空间规划后面的社会经济和文化机制。因此，结合社会背景，对城市规划专业基础教育进行系统优化，以规划实践为导向已成为今后城市规划专业教育也是城市规划原理教学的发展方向。因此，创新能力的培养是城市规划专业基础教育的核心使命。

适度性原则就是以对传统的认识论和价值观及其行为后果的深刻反思为基础、以人与自然关系的辩证理解为依据、以人与自然和谐共生为目标的人类活动的新理念[3]。其目的就是探索西北干旱地区小城镇的生态适宜模式，正确认识西北干旱地区城市化发展进程中人类活动与环境变迁之间的相互关系，以及基于生态安全的适度发展模式，建立现有城市规划框架体系下的适宜于该地区的城市化发展战略，并健全城市规划建设科学合理发展的规划体系，推动西北干旱地区城市规划建设的良性发展。

因此，理论结合实践，基于当前大量的、多元化的规划实践，从地方经验出发，探索其应对的本土路径进而探索地域模式，建构地区城乡规划教育体系及探索方法，是新时期"新常态"下，对我国城乡规划教育所提出的新要求。

二、基于理论基础和专业能力的“三平台、三主线”培养方案

传承专业办学历史，注重教学计划的整体性及延续性，坚持我校注重城市实体空间构筑能力培养的城市规划专业教学特色，应对城乡建设事业及学科发展趋势，适时调整教学计划，以应对新时期高素质专业人才培养的要求。在拓展学生对于城市规划公共政策属性理解的同时，强化其专业能力的多元化和复合型人才的素质培养需求。

（一）强调城市规划与相关学科的融通和渗透，拓宽专业综合基础

中国城市的急剧发展与变革要求城市规划专业学生具备较强的社会适应能力和自我拓展能力。为适应现阶段和以后相当长时间我国城市发展的需要，城市规划专业教学计划围绕城市规划专业核心课程，加强经济、社会、文化、生态和工程技术等相关课程设置，拓宽专业的综合基础，加强学生专业适应性；并在教育过程中，依托学校的整体学科优势，加强城市规划和相关学科的交叉、融贯和渗透。

（二）以专业能力培养为主线，构筑“三系列、三平台”的专业课程体系

尊重城市规划的学科认知规律及专业学生学习规律，结合我校固有特色，围绕新时期专业人才培养目标，形成了以专业能力培养为主线的“三系列、三平台”专业课程体系框架。

1）秉承“专业课程系列化”的思想，构建相关课程群，形成三个课程系列。

（1）以培养学生理论素养为目标的理论课程系列；（2）以培养规划设计能力为目标的规划设计课程系列；（3）以不断提升学生实践能力及专业知识综合运用能力为目标的实践类课程系列。

2）根据知识学习的客观规律及专业能力的培养要求，构建三个逐次递进的课程教学平台：（1）“专业基础平台”——基础素质教育和专业启蒙教育平台，是学生的专业入门及技能基础、思维基础、规划设计基础、规划理论基础的形成阶段；（2）“专业主体平台”——全面展开专业教育、构建全方位专业能力的核心平台，是培养学生全面理解城市规划理论，快速、熟练掌握各层次规划设计，具备城乡规划工作能力的重要阶段；（3）“拓展提升平台”——培养具有自主学习能力和专业拓展能力的教育平台，是检验并完善规划设计能力及相关专业知识、增强学生的实际工作能力的重要阶段（图1）。

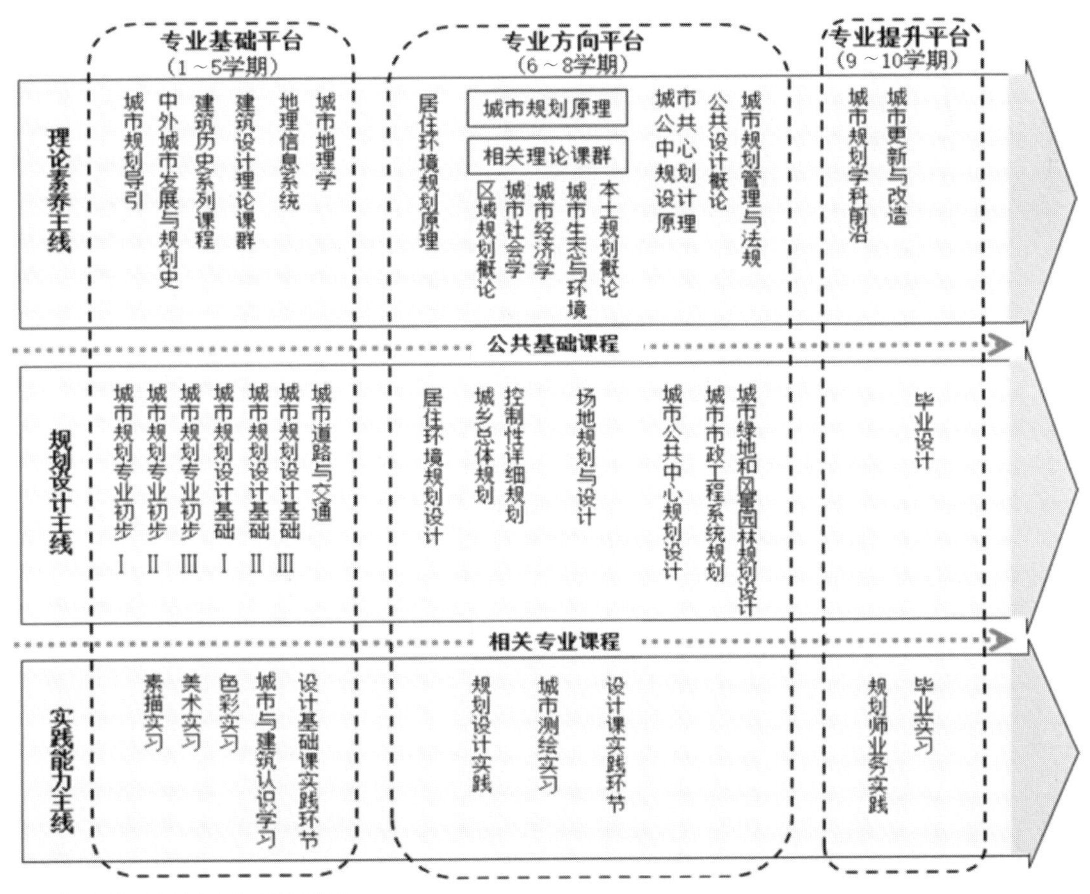

图1 “三主线、三平台”课程安排示意图

（三）强化专业本体，追踪学科前沿，持续推动教学改革

基于对城市规划学科特色及发展趋势的研究，优化了教学体系，调整了课程框架，更新了教学内容。首先，在国内率先展开了基础教学由建筑学专业培养模式向城市规划专业培养模式转化的探索，构建了“城市规划专业初步”、“城市规划思维训练”、“城市规划设计基础”等系列课程，从低年级开始培养认识城市、把握城市及发现问题、分析问题、解决问题的能力；其次，系统调整了主干课程的关系，合理梳理了“城市总体规划”、“控制性详细规划”、“城市公共中心规划设计”及“居住环境规划设计”等课程衔接关系，使其更符合学科认知规律；再次，紧扣现代城市规划意识，在专业教学的全过程逐步形成城市规划公共政策观念；最后，完善选修课程内容，展开了中外联合教学、与其他高校的联合毕业设计等，进一步提高学生自主选择和自我拓展的能力。

三、基于从认知逻辑到建构逻辑的“三位一体”的方法体系

基于认知逻辑传统教学设计注重知识的内在逻辑和知识的传授，而规划设计专业则应强调学生的参与性以及知识的建构。通过建构性理论教育与实践环节相结合的创新教育平台、教育模式以及教育评估指标体系，其核心是以创新性能力的培养为主线，根据认知规律及教学资源特性，结合不同认知阶段的“平台＋模块”教育模式，建构其专业基础能力、拓展能力及创新能力基础。

在合理的知识建构基础上，强调在教学过程中的思维引导，使学生在学习过程中建立对于事物认知的价值观基础，真正成为知识建构的主体；其次注重学以致用的能力重构：注重学生知识建构中的关键环节，包括理论基础与实践环节的结合，强调独立思考和创新能力的培养。通过教学内容、教学方法、教学环节以、教学组织及教学评估等五个环节，强调专业理论教育资源的优化整合与实践能力培养相结合，以“建构－解构－重构”相结合的教育理念与方法为核心，建构“以创新能力培养为核心的开放式教学方法体系”。

根据梅瑞尔首要教学原理课程内容的价值性、学生主体参与性、交互控制性和教育实践性，以保证课程的质量。因此在教学方法上，围绕三条主线，结合不同的教学特性，进行教学设计。

（一）秉承“专业课程系列化”的思想，构建相关课程群，形成三个课程系列

联通主义学习理论是 George Siemens 在 2005 年提出的一种互联网时代的学习理论。其基本思想是：知识是网络化联结的，学习是连接专门节点和信息源的过程[4]。学习的控制权掌握在学习者自己手里，学习的起点是个人，个人的知识组成了一个网络，这种网络被编入各种组织与机构，反过来各组织与机构的知识又被回馈给个人网络，提供给个人继续学习。这种知识发展的循环（个人对网络对组织）使得学习者通过他们所建立的连接在各自的领域保持不落伍。[5,6]结合这一理论，形成以下逐级递进、体系明确、相互链接的课程系列设计和安排（图 2）：(1) 认知模式到建构模式的理论素养及理论课程教学设计；(2) 以问题为导向的规划设计能力培养情景模拟教学设计；(3) 以理论结合技能应用为目标的实践课程整合环节设计。

（二）根据知识学习的客观规律及专业能力的培养要求，构建三个逐次递进的课程教学平台

基于教育学的理论并结合规划设计教学特征，按照三个平台——专业基础平台、专业主体平台和拓展提升平台——来开展教学设计。

(1) 专业基础平台——基础素质教育和专业启蒙教育平台，是学生的专业入门及技能基础、思维基础、规划设计基础、规划理论基础的形成阶段。

结合学生进入大学后其专业的“零”基础状态，采取以认知逻辑为主线的课程设置，包括城市规划导引、建筑历史与理论课群，以及从微观到中观的城市空间规划设计理念、方法和技术的植入；强化城市规划专业基础能力；结合不同尺度下的城市环境及条件模拟，并设定问题进行规划设计引导；养成城市规划设计的基本素养和基础能力。

(2) 专业主体平台——全面展开专业教育、构建全方位专业能力的核心平台，是培养学生全面理解城市规划理论，快速、熟练掌握各层次规划设计，具备城乡规划工作能力的重要阶段。

结合住区规划，选择实际地形，针对真实条件制订设计任务书，并通过激发之前的专业基础知识和技能，展开进一步的深入调研和设计程序。作为第一个整合环节，整合、优化

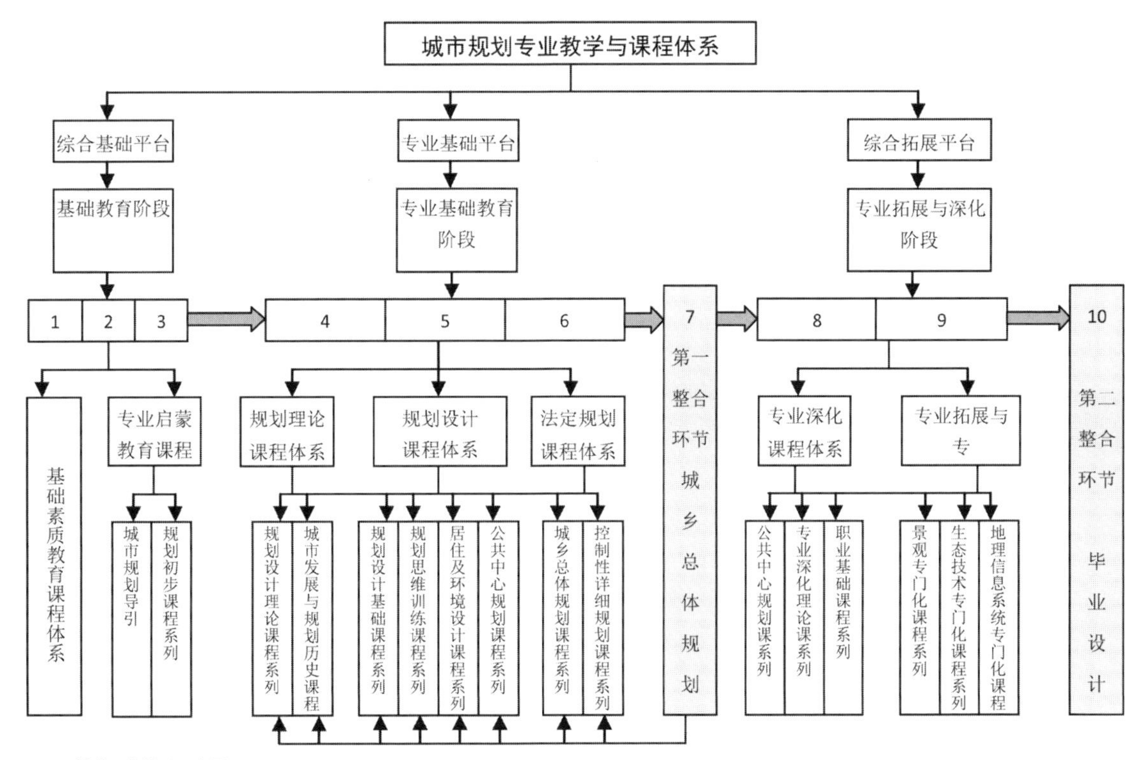

图2　教学平台关系示意图

与提升已有的规划设计能力，并深化理论以及理念与设计的内在联系，进而综合提升其基础课程所学理论基础和设计能力。

结合城乡总体规划、控制性详细规划，培养学生掌握国家法定规划内容，并通过城市设计（公共中心）、场地规划与设计等，深化学生对于空间的公共政策属性、空间正义以及物质空间复合特性的深入理解并强化其驾驭空间的能力。

（3）拓展提升平台——培养具有自主学习能力和专业拓展能力的教育平台，是检验并完善规划设计能力及相关专业知识、增强学生的实际工作能力的重要阶段。

毕业设计中，结合实际课题和真实设计条件下的任务书要求，各个设计环节采取和委托方直接对接的方式，以及延聘省内外规划专家进行实际面对面的技术评审的方式，使学生能够整合5年来的知识内容和能力、技巧等，用于对规划理念、规划方法、规划途径，尤其是针对社会经济发展问题的直接回应；使学生通过这一综合环节得到较大的提升，为进入社会和职业生涯打下坚实的基础。

四、基于知识链接和能力提升的课程体系建设

在“建构”基础上引入“解构”、“重构”的教育理念，形成“知识建构—思维解构—能力重构”的“三位一体”的教育方法体系，以城市规划专业教育为研究对象，建构适应大学本科教育的以创新能力培养为核心的开放式教学模式。这是城市规划专业人才培养的重要调适方向，而从专业理论教育改革着手则是回归城市规划学科根本的关键切入点之一。

（一）系列理论课程：从认知到建构

对于刚刚进入大学的本科生，对于城乡空间认知方式的建立，往往是首先要打破已有的固有思维，一方面要建构城乡规划从“理论－设计－实践”的认知链，同时又需要解构已有认知中的固有观念，从“ 空间认知”引入空间思维、理性思维和空间驾驭能力的知识链条。以空间为主线，建构起理论知识结构体系、空间设计方法体系以及城乡规划实践等专业能力框架，形成从认知到建构的系列理论课程体系，在三个不同的平台植入核心课程体系和相关知识课群，进而构成核心能力培养的教学平台。

（二）系列设计课程：从问题到对策

以不同阶段能力培养所应对的问题为导向，结合首位教学原理集（FPI：First Principles of Instruction，David Merrill，2000）进行教学设计：教学设计理论模式后面蕴藏着基础性的原理，可以作为教学设计有效性的标准，包括以问题或者任务为导向的五个相互关联的动作

链,即"问题(problem)—激活(activation)—演练(demonstration)—应用(application)—整合(integration)"。这是五个相互链接的连续过程，通过学习者投入到解决真实世界的问题时，先前经验被激活，教学演练提供所要教的内容而不只是告诉所要教的具体知识，要求学习者用新知识和技能来解决问题以及鼓励学习者将新知识技能整合到他们日常生活中以促进学习。而其核心在于根植于问题或者任务并以之为导向。

设计系列课程的设计一贯的培养方式就是以问题和任务为导向，因此结合这一教育原理，我们强化了教学设计的环节，涵盖两条线索、三个阶段。两条线索包括：其一，是学生对空间的感知和认知过程，是从微观、中观到宏观，因此，以空间认知和把握能力为核心的规划设计基础教学，则以认知规律为线索，进行课程知识模块设计和安排；其二，是职业规划师所面对的法定规划体系的知识建构和能力培养的课程知识模块。

最后，根据联通主义理论：学习是一个过程，这种过程发生在模糊不清的环境中，学习（被定义为动态的知识）可存在于我们自身之外（在一种组织或数据库的范围内）。我们可将学习集中在专业知识系列的连接方面。这种连接能够使我们学到比现有的知识体系更多、更重要的东西[5, 6]。因此，结合5年的专业素质和职业培养，以毕业设计为核心，并作为整合5年所学知识的联通环节，使学生在这一阶段较大提升自己对所学知识的理解和深化。

（三）人文特色课群：从多元到复合

城乡规划涉及生态、文化、政治、经济、社会等多尺度、多类型及多维视角下的复杂问题，因此要求学生具备相应的知识素养、分析方法和应对问题的能力。为了使学生在掌握物质空间能力的同时，能够洞察其背后的影响要素和机制，能够通过知识的建构、联通激活并提升其综合素质和能力，在课程设置中将区域规划、社会学、经济学、地理学、遗产保护等人文课群进行整合，培养学生多元、复合型的知识结构和能力素养，尤其是在应对新时期、多元化、复合性的理论和实践问题方面，具有一定的知识储备。

（四）基于设计案例分享的反转课堂

"翻转课堂"(Flipping Classroom,或译作"颠倒课堂")近年来成为全球教育界关注的热点，2011年还被加拿大《环球邮报》评为"影响课堂教学的重大技术变革"。"课堂上听教师讲解，课后回家做作业"的传统教学习惯和教学模式发生了"颠倒"或"翻转"——变成"课前在家里听看教师的视频讲解，课堂上在教师指导下做作业（或实验）"。翻转课堂被认为是"混合了直接讲解与建构主义的学习"的一种混合学习方式[7]。

事实上，规划设计课程中，由于直接模拟的是甲、乙双方的角色关系，课程设计是以设计任务书为导向的，往往会在不同阶段平台植入任务书的设定内容，使学生亲身参与这一过程，对于学生的专业认知度、专业兴趣以及专注于课程设计的全过程具有较大的激发性，并且在"一对一"的交互式教学模式下，学生从被动接受转为主动投入，强化了与指导教师、同学之间以及第三方（答辩阶段外请专家）的沟通能力，进而强化了认识问题、分析问题和解决问题的基本能力。

五、结论

多年来西安建筑科技大学城规专业重视地域的自然和人文特点，突出地方特色：西北地区地域广阔，历史悠久，民族众多，文化积淀深厚。特殊的地理区位，使我校在西部城乡规划建设人才培养方面，承担了一定的使命和责任。为此，在坚持城市规划专业教育规律的基础上，注重加强关于西北社会、经济、文化和生态可持续发展等方面的课程内容，并贯穿于专业教学的系列课程及其各个环节。

同时注重理论联系实际，加强综合素质培养，强化专业实践能力：通过理论课程系列、规划设计课程系列、实践课程系列的融贯，强化综合素质的培养；加强实践课教学环节，并保障企业实习单元的完整性；强调规划设计课程必须以实际课题为背景，使学生能够深入现场，认识城市生活，把握现实需求。结合我校城市规划专业的办学历史和经验，城市规划专业教育一贯重视工程技术等方面的内容，并在教学计划中设置了包括城市工程地质、城市道路与交通、城市市政工程系统规划、城市对外交通和建设场地设计等较为全面的工程技术类课程，并结合规划设计主干课程设置了工程系统规划实践环节。为学生认识问题、分析问题、解决问题并强化应用设计能力，奠定了良好的能力框架和知识储备。

规划学科的一大特点在于其知识体系是一个“不断累积”的过程，作为一个相对年轻的学科和实践性强的行业，其发展不断地汲取了各相关学科的相关内容，反映出现实社会的需求变化，现代城市规划具有明显的多学科交叉和社会改良的特征。同时，城市规划学科是一门应用型学科，城市规划教育的发展也不可避免地反映现实社会经济的发展需求，国家政体变革与城市化进程息息相关[8]。因此，把握人才需求、社会需求、建构相应的人才培养模式，才能与时俱进，不断适应变化的环境和社会发展人才的需求。

注释：

[1] 汤道烈，任云英．中国建筑艺术全集·古代城镇 [M]. 北京：中国建筑工业出版社，2003.

[2] 吴良镛．基本理念·地域文化·时代模式——对中国建筑发展道路的探索 [J]. 中国建设信息，2001(36)：35–39.

[3] 任云英，付凯．城乡规划学科背景下城市规划历史与理论教学探讨——地区语境下的城市规划教育思考 // 新型城镇化与城乡规划教育——2014 全国高等学校城乡规划学科专业指导委员会年会论文集 [C]. 北京：中国建筑工业出版社，2014：153–158.

[4] George Siemens. Connectivism：A Learning Theory for the Digital Age[J]. Instructional technology &distance learning，2005，2(1)：3–10.

[5] 王佑镁，祝智庭．从联结主义到联通主义：学习理论的新取向 [J]. 中国电化教育，2006 (3) .

[6] 百度百科．"联通主义" 词条 [EB/OL]．[2011–12–18]．http://baike.baidu.com/view/5060218.htp.

[7] The flipping classroom [DB/OL]. (2012–12–1) . [2014–4–10].http://educationnext.org/the flipping classroom.

[8] 侯丽．美国规划教育发展历程回顾及对中国规划教育的思考 [J]. 城市规划学刊，2012 (6) ：105–111.

参考文献：

[1] 任云英．全球土地荒漠化视野下的西北干旱区小城镇发展现状与前瞻 [J]. 时代建筑，2006 (7) .

[2] 张峰，任云英等．城市规划基础理论教育教学改革实践探索 [J]. 建筑与文化，2009 (6)。

[3] 张峰，任云英等．知识建构·思维解构·能力重构——以创新能力培养为核心的开放式城市规划理论教学研究 //2009 全国高等学校城市规划专业指导委员会年会论文集．北京：中国建筑工业出版社，2009.

[4] 任云英，付凯．城乡规划学科背景下城市规划历史与理论教学探讨——地区语境下的城市规划教育思考 // 新型城镇化与城乡规划教育——2014 全国高等学校城乡规划学科专业指导委员会年会论文集．北京：中国建筑工业出版社，2014：153–158.

[5] 王建辉．适度性原则：人类活动理念的变革与重构 [J]. 武汉大学学报 (人文科学版)，2003，56(1):11–16.

图片来源：

图 1、图 2　据西安建筑科技大学《2012 城乡规划专业评估文件》绘制。

作者：任云英，西安建筑科技大学建筑学院　城乡规划系主任，教授，博导；张沛，西安建筑科技大学建筑学院　教授委员会副主任，教授，博导；白宁，西安建筑科技大学建筑学院　城乡规划系规划基础教研室主任，副教授，硕导；黄嘉颖，西安建筑科技大学建筑学院　副教授

新常态下城乡规划专业基础教学中的能力构建与素质培养

白宁　杨蕊

The Ability Construction and Quality-Oriented Cultivation Under the New Normal of Urban and Rural Planning Teaching

■摘要：城乡规划的发展早已突破了传统空间规划的范畴，与城乡社会、经济、交通、环境的关系日益密切。规划专业人才的培养，也从注重技能、美学和空间设计能力逐步转向注重复合性知识结构和综合能力培养。我校过去的城乡规划专业基础教学以表达技能为核心，融入空间的认知与设计能力的培养。在学科内涵和外延都大大丰富的今天，除了基本的表达技能和空间设计能力仍是城乡规划低年级基础教学的重点以外，敏锐的观察能力、对美的感受力、创造性思维能力以及理性的逻辑思维能力和社会洞察力、调查分析能力、文字表达能力、语言表达能力、团队协作能力等，构成了专业基础教学中要求的核心能力和素质培养的主要内容，并在低年级的不同教学阶段中，有侧重地分别强化。

■关键词：新常态　规划教育　基础教学　核心能力培养

Abstract: The development of the field of urban and rural planning has already broken through the traditional space planning category and has more and more relationship with urban-rural society、economy、transportation and environment. The training of professional talents in planning, also from the focus on skills、aesthetic and spatial design ability, has gradually shift to focus on the ability construction and quality-oriented cultivation. In the past, the basic teaching of urban and rural planning in our college is based on the core of expressing skills and has seeped into the knowledge of space cognition and design ability. Today, the connotation and extension of the subject are greatly enriched. In the professional basic teaching, in addition to the basic drawing skills and space design capabilities, which are still the focus of the basic teaching, a lot of abilities constitute the main content of the ability construction and quality-oriented cultivation, which contains sharp observation ability、

本文所谈的低年级专业基础教学指规划设计类基础课程，主要包括专业初步课、规划思维基础课、设计基础系列课程，不包括城市规划导引等相关理论基础课程。

beauty of sensibility、creative-thinking ability、logical-thinking ability、social insight、ability of social investigation and analysis、language and written expression ability、team cooperation ability and so on. In the Basic of Urban and Rural Planning teaching, these abilities have been respectively strengthen in different teaching stages.
Key words: the New Normal; Urban and Rural Planning Subject Education; the Basic Teaching; Core Capabilities Cultivation

我校城乡规划专业已成功办学 30 年，培养了大批具有很高专业素质与能力的、以形体空间设计能力为优势的优秀规划人才。2007 年，我校城市规划专业与同济大学一道成为国家级特色专业建设点，更大力推动了一系列卓有成效的学科建设活动和教学研究与实践。

2006 年始，我校规划专业低年级（1 ～ 5 学期）基础教学进行了大的调整，具有前瞻性地以专业站点转移为教改核心，并取得了一系列卓有成效的教学成果。而在这改革与建设的 10 年间，规划学科也发生了巨变。2011 年城市规划由建筑学一级学科之下的二级学科独立成为“城乡规划学一级学科”；2014 年，新常态下，城市从粗放外延式拓展的大规模建设转向精细化存量更新的小规模渐进式发展。在近几年城乡规划空前的变革过程中，我校的城乡规划专业基础教学也在不断地思考与调整。新时期城乡规划学科的变革对专业人才核心能力结构与素质培养也提出了新的要求。

一、新时期城乡规划学科发展对人才能力培养的要求

（一）新时期城乡规划学科的发展与变革

从我国近十几年城乡规划的高速发展，到 2011 年城乡规划成为一级学科，再到新常态下，城市从增量规划的大规模建设转向存量更新的渐进式发展，城乡规划已经从物质形态为主导、重城轻乡的传统城市规划，转向社会属性增强与城乡一体化；从专注空间规划到关注社会、生态、环境问题；由技术工具转向公共政策。其人才培养模式也经历了从单一建筑学科背景为主向多学科背景、多类型和多层次、全方位转变。

（二）新时期城乡规划变革对规划教育的要求

从 1952 年同济大学开设我国第一个城市规划专业，到现在全国约有 200 所高校设置了规划专业。有以“区域与城市规划”为主导方向，偏重于区域经济、国土规划的，如北京大学、南京大学等人文、经济地理优势类规划院校；有以“城市综合规划”为主导方向，从传统的建筑领域拓展到社会、经济、文化环境等学科领域，更趋向综合性和多学科交叉、以的同济大学为代表的规划院校；更多的则是以“物质空间形态规划与设计”为主导方向的规划院校。全国城乡规划专业教育指导委员会成立之后，加强社会、经济、生态环境及可持续发展的教学内容，拓宽和调整专业知识结构，强化能力和素质培养，成为规划专业教育改革的共同方向。

当前，城乡规划进入到经济社会和技术的双重新常态，增量规划向存量规划转变，新型城镇化仍继续推进，城市更新将长期成为重点；互联网与大数据带来的技术冲击，基层的城乡规划专业技术力量也亟须加强。这种新常态也对城乡规划专业教育提出了新的要求。在 2013 版的《高等学校城乡规划本科指导性专业规范》中，明确提出了“拓宽专业口径”的要求，也提示了规划教育中专业宽泛和复合的趋势，以及专业人才应具备具有广泛适应性的综合能力与素质及与时俱进的新技能。

（三）新时期城乡规划教育中的能力培养要求

新常态下，规划专业应培养哪些核心能力与素质以应对新时期的规划转型呢？国际上比较普遍认同规划师应具备六大核心能力：前瞻性、综合能力、技术能力、公正性、共识建构能力和创新能力。2013 年《高等学校城乡规划本科指导性专业规范》中也列出了学生“能力结构”的六项内容，并确立了今后城乡规划专业人才的培养目标：

1）前瞻预测能力。强调前瞻性与远见能力，以及对城乡发展规律的洞察能力，预测社会发展趋势的基本能力，以支撑城乡未来健康发展的前瞻性思考。

2）综合思维能力。思维能力是综合能力的核心，让学生学会运用有效的思维方式去认识、感受、分析、判断以及创造，是综合思维能力培养的核心。

3）专业分析能力。应掌握对问题进行剖析的方法，对空间背后的社会、经济、文化和

生态等关联性问题进行思考，建立完整而系统的发现问题—分析问题—解决问题的分析和推演方法。

4）公正处理能力。"公正性" 是规划的核心价值和目标所在，了解公众意愿和不同利益主体对空间的诉求，分析对各方利益的影响，并综合寻求利益的公正性，需要具备公正处理能力。

5）共识建构能力。广泛听取意见，综合不同利益群体的需求，并在此基础上达成共识，解决城乡社会矛盾，实现和谐的能力。

6）协同创新能力。协同创新是提高自主创新能力的全新组织模式，也是提高自主创新能力和效率的最佳形式和途径。它对协作能力与创新能力均有要求。

二、城乡规划专业基础教学中能力培养的内容

（一）城乡规划专业低年级基础教学在本科教学体系中的定位

城乡规划专业基础教学是在现代城乡规划专业教育体系下的、在低年级完成的基础环节。低年级阶段课程体系所奠定的专业基础对学生形成良好的专业素质、构建能力结构、奠定科学的思维方式、掌握相应的学习方法具有重要的基础作用。城乡规划专业基础教学一方面是使学生形成专业基础知识结构，获取专业技能，建立规划（设计）思维基础，初步具备发现问题、分析问题、解决问题的基本能力；另一方面，将为中高年级阶段专业学习的顺利展开奠定基础，并获取未来城乡规划工作的相关能力，初步形成城乡规划价值观，奠定职业道德及职业素养的基础，为培养技能扎实、知识全面、人格健全的城乡规划专业人才奠定坚实基础。

（二）专业基础教学中的核心能力建构

对学生核心能力的解读是应该置于教学当中体现的。《高等学校城乡规划本科指导性专业规范》中列出的"能力结构"六项内容，在教学的不同阶段有不同的解读与培养重点。除此以外，各专业院校也会依据自身办学特色强化及扩展能力结构。

城乡规划专业基础教学中的核心能力素质培养目标取决于城乡规划专业基础教学的定位与目标。我校的城乡规划专业基础教学中主要解决的问题为：

1）全面的、初步的城乡认知。

2）建立正确的"城市观"，初步形成规划价值观，奠定职业道德基础。

3）扎实的专业技能培养。专业技能培养一直是城市规划专业基础教学的主题，除了侧重对学生绘图能力、动手能力的培养，还要加强学生的模型设计与制作能力、文字表达能力、语言表达能力以及调查分析能力。

4）综合思维能力的培养．综合思维能力培养是城乡规划专业基础教学中的重要内容，让学生学会运用有效的思维方式去认识、感受、分析、判断以及创造，是综合思维能力培养的核心。

以此四点为目标，以"能力结构六项内容" 为核心，遵循专业特点、自身的办学背景以及学生的学习规律，我们将对六项核心能力结构的解读融入教学当中，构建了城乡规划专业低年级基础教学中的能力素质培养框架。

这一能力培养框架中，专业技能、综合思维能力、调查分析能力以及公共政策素质是基础教学中的重点，团队协作能力是规划专业人才的基本素养，因此也在教学过程中多处渗透训练。

（三）核心能力与素质培养要点

1）综合思维能力。综合思维能力是能力培养的核心。专业培养的目要目标之一是培养学生建构城乡规划专业的思维方式，主要包括：①创造性思维，培养学生勇于创新、敢于创新的思维能力，特别是当前我国教育体制下的高中毕业生，习惯于记忆和背诵知识，认同统一的标准，需要通过创造性思维的培养使其逐步具备独立思考的能力；②逻辑思维，是城市规划思维的最重要的部分，是学生未来能整体、系统地认知城市，掌握城乡规划方法的思维基础；③形象思维，城市规划研究的核心是空间，无论宏观层面、微观层面的规划设计都需要学生具备较强的形象思维能力；④社会洞察力，是学生能够真正理解城市规划的社会学特征，以抓住城市规划学科的真实内涵的综合能力体现。各种思维的培养根据阶段目标的不同灵活穿插于各门课程及教学环节中进行针对性培养。

2）调查分析能力。注重发现问题—分析问题—解决问题的过程，其中最重要的是发现

问题与分析问题。培养学生社会调查的能力，核心就是增强学生发现问题的能力，并在此基础上进行深入的问题分析，以期得到合理的规划结果。

3）公共政策素质与公正处理能力。城乡规划是一种以空间为载体的公共政策，其核心功能是在土地和空间资源配置中反映社会各方面的要求，力求在各个利益集团之间、当代和未来之间取得平衡。在低年级的教学中，主要是要通过各个环节使学生初步具备公共政策的意识，理解在城乡规划工作中，规划师是政府委托的利益协调者。因此，在各种实践中应明确规划设计不是自己的主观臆造，而是对利益相关体的不同利益诉求的尊重与调和。

三、基于能力建构与素质培养的基础教学体系

（一）城乡规划专业基础教学体系与内容

我校城乡规划专业基础教学分为三个大的环节，分别为：规划专业初步、规划思维基础、专业设计基础。在内容设置上注重整体的逻辑性和系统性，课程设置以综合能力构建与素质培养为目标，强化专业基础技能培养以及学生综合思维能力的扩展和延伸，突出城乡规划专业特色（图 1）。

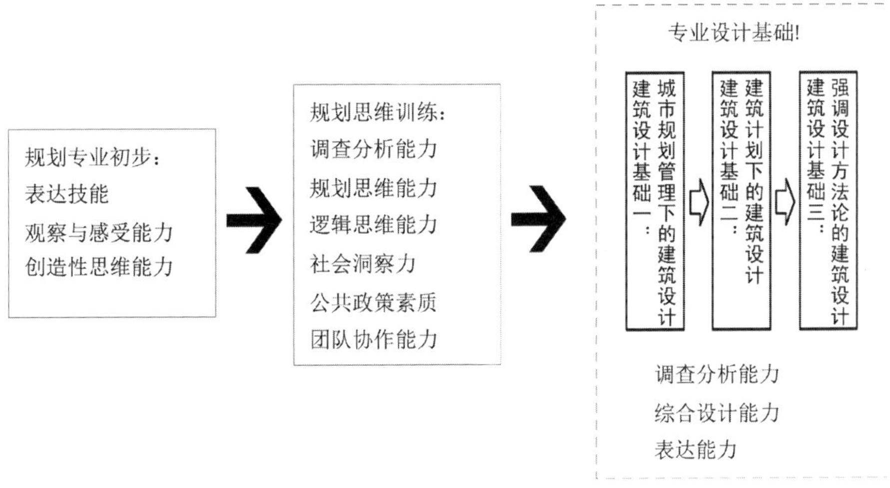

图 1　城乡规划专业基础教学体系

1）规划专业初步（一年级，第 1、2 学期）：进行专业启智教育，通过一系列专业课题的训练，激发学生专业兴趣，培养敏锐的观察力与对美的感受力、多种表达技能、创造性思维能力，初步了解设计思维，初步建立空间的概念。

在作业训练内容上，认知、发现、提取、重构系列环节，让学生通过对生活中的美的观察、感悟，进行抽象的表达，同步进行技法训练以及观察力、发散性思维能力的培养；在对观察对象进行要素提取并创造性的完成重构练习的过程中，培养表达技法、创造性思维能力与设计能力。在建筑与城市局部地段的认知、测绘与解析等系列作业中，融入了对社会生活的观察、思考、分析，除了绘图能力与形象思维能力的培养以外，也初步培养学生的社会洞察力、逻辑思维能力与调查分析的能力；在合作完成作业的过程中，培养学生团队协作的能力（图 2 ～图 7）。

图 2　规划专业初步课程中的表达技能训练

图 3　对美的感受能力与创造性思维能力培养的结合

图 4　规划专业初步课中动手能力的培养

图 5　规划专业初步课中公众参与意识

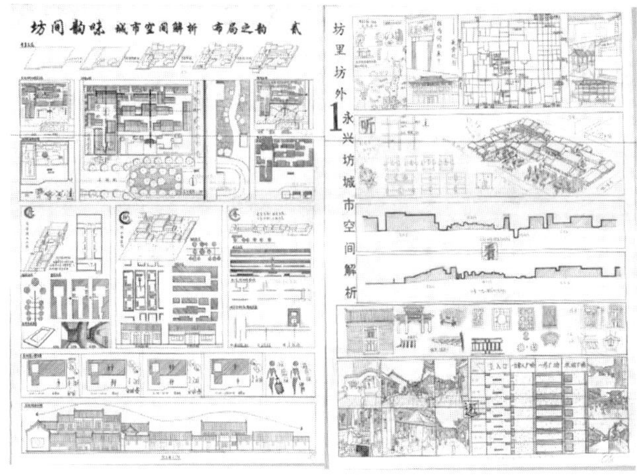

图 6　规划专业初步课中调查分析能力的培养

图 7　规划专业初步课中团队协作能力的培养

2）规划思维训练（二年级，第 3 学期）：在初步认知城市生活基础上，结合城乡规划专业方向进行分析与多角度的解读，以有效开展专业前期教育，引导学生认识城市；掌握城市社会调查的基本方法；初步具备认识事物、发现问题、分析问题的基本能力；初步理解城市规划的公共政策属性；初步形成城乡规划的系统性、整体性的思维方式。培养学生综合协调、多途径解决问题的能力，尤其是建立需求与空间的联系，有理有据地构建规划目标并提出设计理念，有创造力、协调力地思考规划方案。

课程中最具教改特色的环节为“博弈”环节，不同组学生立足于不同视角，结合调研分析梳理问题，协调不同利益主体之间的矛盾，在可行的前提下，提出合理的地段发展目标以及切合实际的物质空间改造方法，并通过经济测算与拆迁测算论证可行性，通过空间规划设计的手段和非空间的管理组织措施共同优化、改善城市存量。在学习、调研、“博弈”、讨论和分析过程中，培养学生的公共政策素质，培养学生的前瞻预测能力、调查分析能力、逻辑思维能力、团队协作能力以及语言和文学表达能力等（图 8，图 9）。

图 8　规划思维训练课中的博弈环节与公共政策素质培养

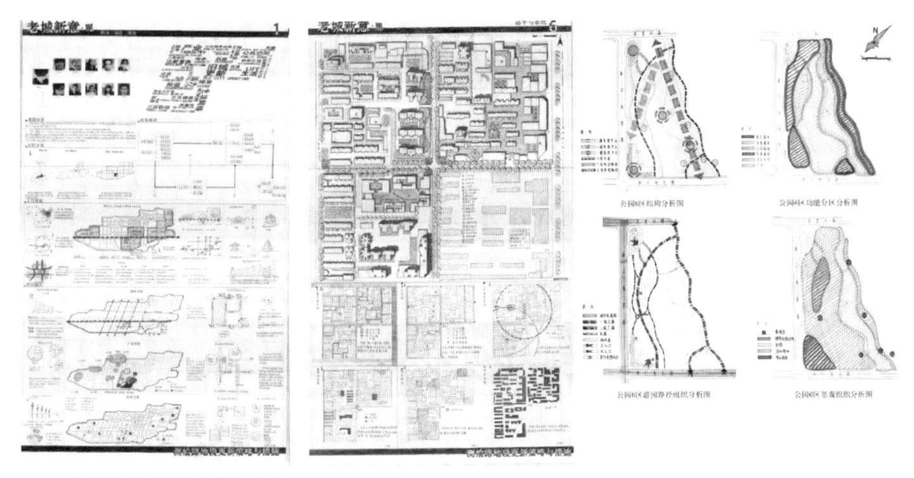

图 9　规划思维训练课中的调查与分析能力培养

3）规划设计基础（二至三年级，第 4、5 学期）：在建筑设计课中引入“规划设计条件”与“建筑计划”的概念，在城乡规划视点下开展建筑设计教学，要求学生了解城市规划管理的相关要求，初步掌握分析规划设计条件的基本方法，了解建筑功能定位与城市规划、市场之间的关系；了解建筑策划的基本要求，初步掌握制定建筑设计任务书的基本方法；循序渐进掌握从单一功能的小型公共建筑到复合功能的中型建筑设计的方法；深入理解建筑与社会、心理、行为、城市环境、基地条件等的相互关系；通过“切片式”建筑设计教学内容与方法研究，探索建筑设计“方法论”教学内涵。在学生学习、调查、分析、设计的过程中，强化调查分析能力、逻辑思维能力、创造性思维能力、综合设计能力以及综合表达能力(图 10 ～图 16)。

图 10　设计基础课中的分析能力、逻辑思维能力的培养

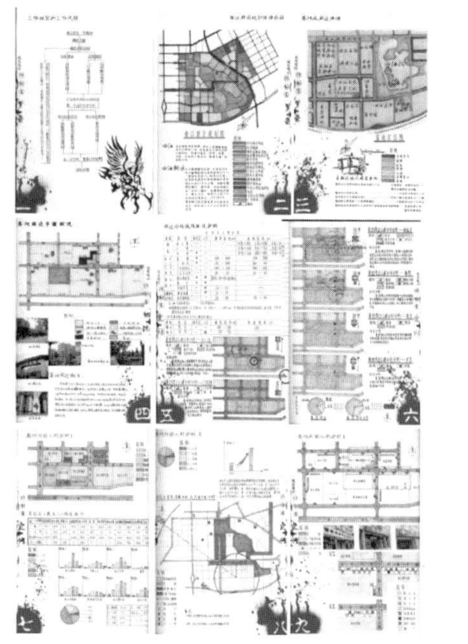
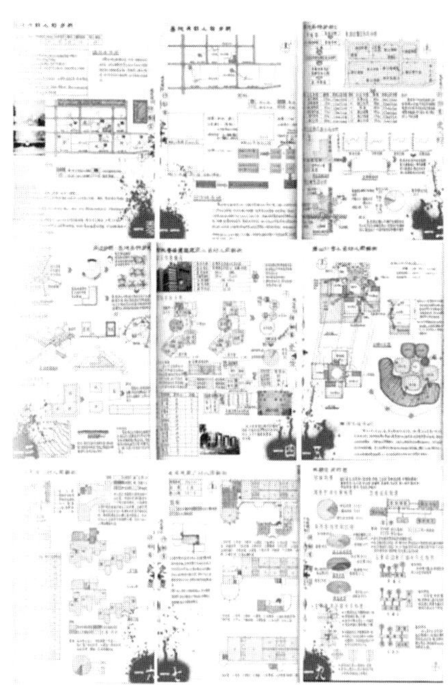

图 11　设计基础课中的调查与分析能力的培养

图 12　设计基础课中的调查与分析能力的培养

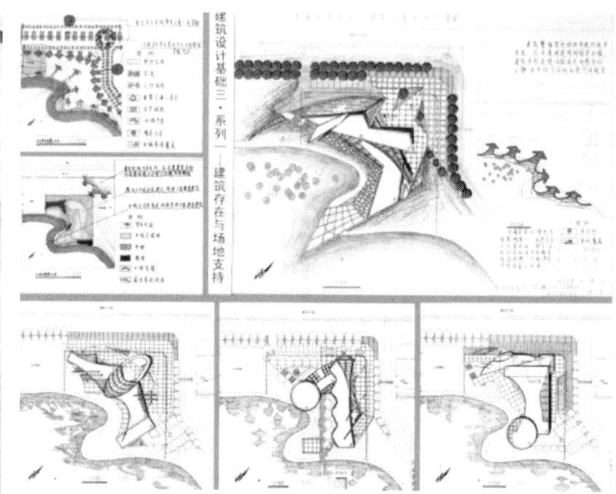

图 13　设计基础课中发散性思维能力的培养

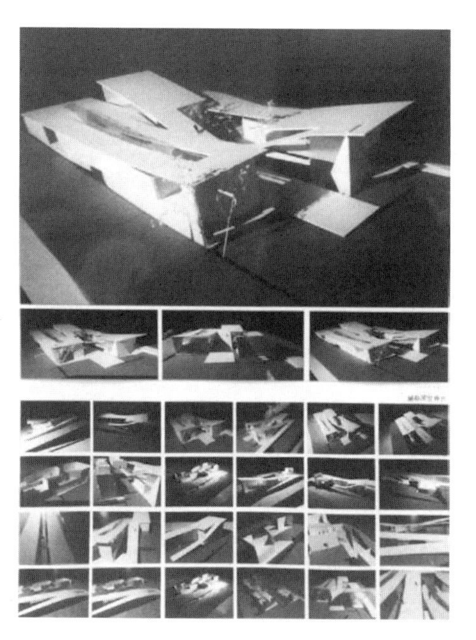

图 14　设计基础课中创造性能力的培养

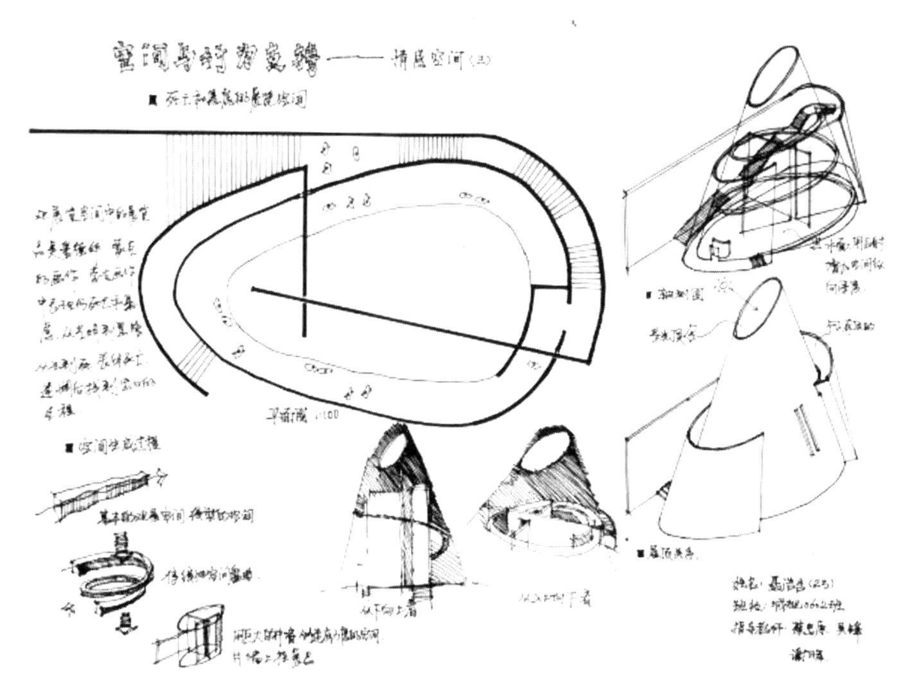

图 15　设计基础课中的分析能力培养

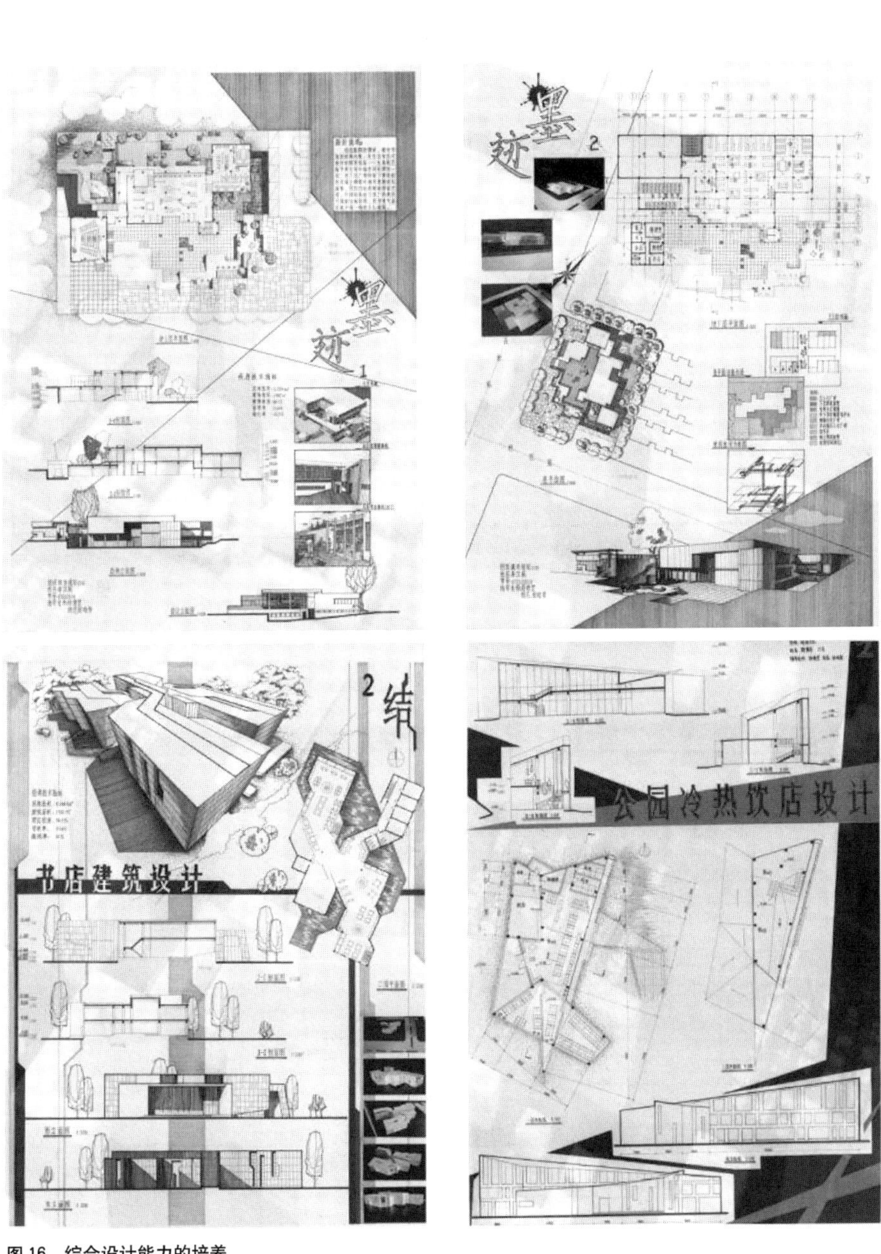

图 16　综合设计能力的培养

（二）城乡规划专业基础教学中的能力矩阵

构建完善的课程体系是人才培养质量的基本保障。基于综合能力构建与素质培养的城乡规划专业基础教学的核心是选取合适的教学内容并通过合理的安排来达到人才培养要求，使学生能全方位接触城市规划专业知识，构建全面而合理的高年级专业学习及未来城乡规划工作的相关能力与素质，初步形成城乡规划价值观，奠定职业道德及职业素养的基础。

表 1 中体现出来的专业基础教学体系内容与主要能力素质矩阵，将随着学科发展与教学体系优化而逐步调整，以保障基于人才培养的专业基础教学能够逐步完善。

城乡规划专业基础教学体系及能力素质结构矩阵　　表 1

学期	教学内容		能力及素质培养													
				表达技能				综合思维能力			调查分析能力					
			全球与区域视野	绘图能力	模型制作能力	语言表达能力	文字表达能力	形象思维能力	逻辑思维能力	创造性思维能力	观察能力	社会洞察力	调查分析能力	公共政策素质	团队协作能力	职业道德与素养
一	城市规划设计初步	专业概述	△											△		●
		专业识图		●				△	△							
		表达技法		●	△			△			△					
		认知与发现		●		△		●		●	●					
		提取与重构		●		△		●	△	●	●					
		微空间设计		△	●	△		●	△	●	△	△				
		建筑测绘		●				△					△			
		城市中的建筑解析		●	●			●	△		△		△		△	
		城市局部地段认知、测绘		●				●	△		△		△		△	
二		城市局部地段解析		●		△	△		△		●	△	●		△	
		空间尺度与限定			●					●						
		小空间概念设计		△				△					△			
三	规划思维训练	城市认识论与系统论	●				△		●		△			△		
		城市规划社会调查方法与实践				●	●		●		△	●	●		●	△
		图示语言		●				●	△				△			
		公共政策基础知识与数理分析				△	△		●			△	●	●		●
		城市公共空间改造		●	△	△		●	●	△		●	△	●		
四	城市规划管理下的建筑设计	规划管理条件解析				△	△		●			●	●	△	△	△
		小建筑设计		●	●			●	△	●						
	建筑计划下的建筑设计	建筑策划与任务书制定				△	△		●	△		●	●		△	△
		建筑设计		●	●			●	△	●						
五	强调设计方法论的建筑设计	建筑存在与场地支持		△				△	●	●	△		●			
		行为需求与空间支持		△					●		△		●			
		视觉意象与形式支持		●	●			●		●		△	△			
		建筑外环境设计		●				●	●	△			△	△		
		公共建筑设计		●	●			●	△	●			△			△

注：●核心能力培养目标；△主要能力培养目标

四、结语

城乡规划专业学生的核心能力建构与素质培养是培养符合时代要求的规划人才的重要保障，而低年级基础教学更是综合能力素质培养的重要基础。人才培养是一个系统工程，能力与素质的培养源于理论学习与实践训练的各个阶段和环节，只是在不同环节各有侧重。能力培养导向下的专业基础教学是新常态下教学改革的一种思路与探讨，以期望能在城乡规划学科建设及规划专业教育中起到良好的作用。

（基金项目：2016 西安建筑科技大学课程建设项目"城市规划设计基础系列课程"）

参考文献：

[1] 高等学校城乡规划学科专业指导委员会编制．高等学校城乡规划本科指导性专业规范（2013 年版）[S]. 北京：中国建筑工业出版社，2013.

[2] 段德罡，白宁，王瑾．基于学科导向与办学背景的探索——城市规划低年级专业基础课课程体系构建 [J]. 城市规划，2010.（9）：17–21.

[3] 白宁，段德罡．引入规划设计条件与建筑计划的建筑设计教学——城市规划专业设计课教学改革 [J]. 城市规划，2011（12）：70–75.

作者：白宁，西安建筑科技大学 建筑学院 城乡规划系规划基础教研室主任，副教授，硕导；杨蕊，西安建筑科技大学 讲师

转型思变·创新实践

——城乡规划专业居住环境规划设计课程的教学探索

惠劼　王芳

Transformation Change · Innovation Practice

——The Exploration on the Residential Environment Planning and Design

■摘要：居住环境规划设计课程是城乡规划专业本科三年级的一门专业课，也是学生第一次完成了调查认知、环境分析、结构规划、用地系统、方案设计等规划设计全过程的一门课程。课程的主要教学内容，讲授了居住环境的相关知识，认知了居住环境的系统构成，传授了住区规划设计的程序与方法。在专业知识的学习上，实现了从解决单一空间问题向多功能复合空间问题的转变，从形象思维向系统思维的转变，真正给学生开启了城乡规划的专业之门；在遵从专业认知规律所做的学习阶段安排上，实现了从低年级向高年级的转变，为专业提升阶段的学习打下了基础，起到了承上启下的作用。本文拟从居住环境课的教学内容、教学组织、课题选择等方面阐述居住环境规划课程的功能与作用。

■关键词：居住环境系列课　思维方法　能力培养

Abstract: As a three grade professional course of urban and rural planning, residential environment planning and design course will allow students to experience the whole process of cognitive investigation, environmental analysis, construction planning, land use system and scheme design for the first time. Related knowledge and system structure of residential environment, as well as the program and method of residential district planning and design are the main content of this course. From the aspect of professional learning, students will learn how to change from a single space problem to a complex space problem, and their imaginable thinking will be gradually transformed into system thinking, which will lead students to the real academic road.From the aspect of learning arrangement, the course is the bridge between the lower and higher grades, builds the foundation for further study .This paper will expound the function of the residential environment planning and design course from the teaching content, teaching organization and topic selection.

Key words: Series Courses of Living Environment; Thinking Method; Ability Training

当前，我国经济社会发展进入新的历史时期，新型城镇化提出"以人为本"，要求城市发展从外延式向内涵式转变，从量的扩展转向质的发展。在新的发展形势下，城乡规划面临重要转型，居住环境设计课程的教学也面临新的机遇和挑战。居住环境规划设计课作为城乡规划专业本科学习阶段的一门核心课程，几乎所有设置城乡规划专业的院校都开设了这门课，虽然各院校在开设学期、授课课时、教学组织、教学方法、课题选择等方面会有所差异，并各具特色，但仅从各院校都开设这一点，就足以显示了该课程的重要性，以及专业学习过程中的重要作用。[1]

为应对学科建设和专业发展的转型要求，顺应本科教学的整体目标，并符合学生专业学习的基本规律和特点，我们从教学内容、教学组织、课题选择等方面进行了居住环境规划设计课程的教学探索。

一、多课融合的教学特点

我校的"居住环境规划设计"课在第六学期开设，也即为本科阶段三年级第二学期，与"居住建筑设计"、"居住建筑设计原理"、"居住环境原理"课程进行整合，形成了居住环境系列课程。该课程在教学内容方面，系统讲授了居住环境规划原理，强调学生要建立家庭生活和邻里生活和社区生活的互动、共生的整体环境观，由此，在教学中训练学生调查、分析、判断问题的能力，以推动学生在解决问题、形成规划设计方案时，具有脚踏实地的、综合协调的创新性规划设计思维方法，以达到提高学生规划设计水平的目的。

1. 课程体系的构建

经过十多年的教学探索与研究，将居住环境系列课程归纳为理论课教学和设计课教学两大模块。理论课教学模块以住房建设和社区发展为线索，系统讲解居住环境原理和居住建筑设计原理；设计课教学模块由观念设计、住区规划结构研究、住区总平面布局研究、住宅设计以及邻里生活环境设计五个阶段组成，完成了包含住区规划、住宅设计在内的一整套规划设计作业[2]。

2. 教学环节设置

居住环境系列课在教学环节的安排上，遵循了学生的认知和学习规律，按照理论学习、实例认识、思维建立、实际操作的过程，安排了理论课教学、实例调研与案例解析、观念设计、规划设计研究、成果制作五个教学环节。

3. 教学特点

居住环境系列课程对于城乡规划学专业的学生来说，是专业的入门课程，又是5年学习中承上启下的过渡性课程，因此，课程学习中要求：第一，能应用规划结构的方法进行功能组织、布局空间，第二，能理解定量分析与定性分析的关系及其作用，第三需学习并掌握群体空间组织对于建筑形态的应用。

二、双模块化的教学内容

1. 理论课教学模块

依照人居环境理论，将住区与住宅看作居住的外环境与内环境，课程也整合成一门居住环境原理课。

居住环境固化设计原理部分的主要教学内容有：讲解人类居住环境的历史变迁，使学生从中了解居住的概念和意义；讲述人们在不同时代对于居住环境选择的特点及要求，启发和引导学生理解居住环境的影响要素；分析居民日常居住生活活动规律，讲解住区规划结构的构思；分析居民居住生活特点及需求，使学生理解住区的功能与空间构成；分析居民生活活动的特点与各功能系统的组织，阐述住区规划设计的方法和程序[3]。

居住建筑设计原理部分的主要内容是：从画出"我的家"开始，引导学生理解家庭及家庭生活的内涵；随着居住建筑发展与变迁历程的讲述，引导学生认识当前居住建筑的形式和特征；讲解当前家庭构成及家居生活的特点，引导学生理解住宅套型及其空间的功能；通过设计规范和居住建筑相关技术要求的介绍，引导学生学习住宅建筑的住栋组合、剖面、外观造型等的设计方法。

2. 设计课教学模块

设计课教学模块与理论课教学模块紧密衔接，将理论学习与实践学习形成对接，本着构建整体居住环境的思路，教学内容主要有：(1) 规划基地认知与周边环境调研分析；(2) 规划影响要素整理与规划定位分析；(3) 住区定量分析与空间结构规划研究；(4) 居住组群分析与住区总平面布局规划研究；(5) 住宅设计以及邻里生活环境设计。

五个阶段的教学内容，深化了学生的社会调查的技能，训练了学生的分析判断能力，检验了学生对居住环境理论知识掌握的程度，学会了结构构思和用地组织的方法、功能构成与系统组织分析的方法，进一步理解居住内环境与外环境的相互关联的密切关系，以及家庭生活空间与邻里生活环境的关系。要求学生学习并初步掌握定量研究对用地和空间组织影响的方式与方法，建筑单体和居住组群对住区总平面布局影响的方式与方法，最后还应熟练掌握规划设计的表达方法。

三、“社会–空间”融合互动的教学实践

居住环境规划设计课程，是城市规划专业学生上的第一门规划设计专业课，在学习居住环境的知识内容以外，还需要培养学生规划设计的思维方法、规划设计的能力，学习修建性详细规划的工作方法和程序。教学过程中结合课题着重做了以下五个方面的工作。

1. 建设条件分析方法的训练

修建性详细规划的第一项工作就是建设条件分析。居住环境规划设计课引导学生进入住区规划的学习，也正是由上位规划分析、规划基地调研等工作环节开始。

这一阶段的上位规划分析，主要是对城市总体规划、分区规划、控制性详细规划的解读与分析，了解上位规划对规划基地所在区域做出的宏观性的发展规划和相对具体的建设性规划，判断规划基地所处区域未来可能的发展前景、对城市所发挥的功能作用，以及本次规划的合理、合法性等（图 1）。

规划基地调研，首先是调研规划基地本体，内容包括地形地貌、植被等自然环境状况，建设年代、建筑形态、建设量、建成环境等物质建设环境情况；其次是调研现有居住人口、邻里认知度、居民活动特点等社会环境情况；再次是调研规划基地所处的周边区域的自然环境、建设环境、人文环境、历史遗产要素、公共设施配置等方面的现状情况（图 2）。

学生经过规划分析和调查分析，完成了对规划基地的认识与理解，也基本分析总结了在后续规划设计工作中和方案构思中需考虑的因素、可利用的要素、可应对的城市环境问题等规划地段的建设条件。

2. 思维方法的训练

规划思维的训练应是贯穿在 5 年的学习当中，甚至应贯穿于城市规划师整个职业生涯之中。但居住环境规划设计课是城乡规划专业的入门课程，培养和训练规划思维是该课程的

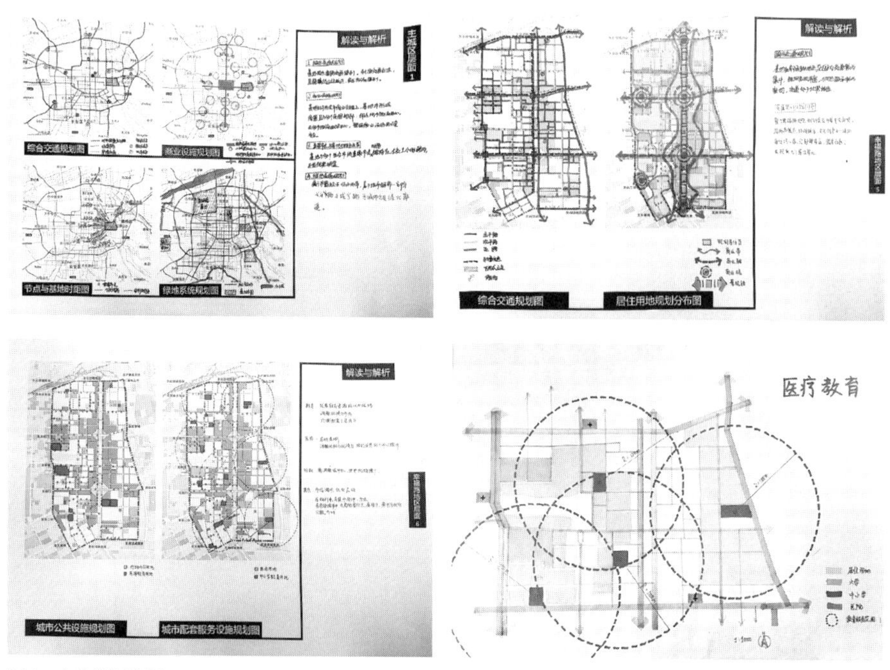

图 1　上位规划分析

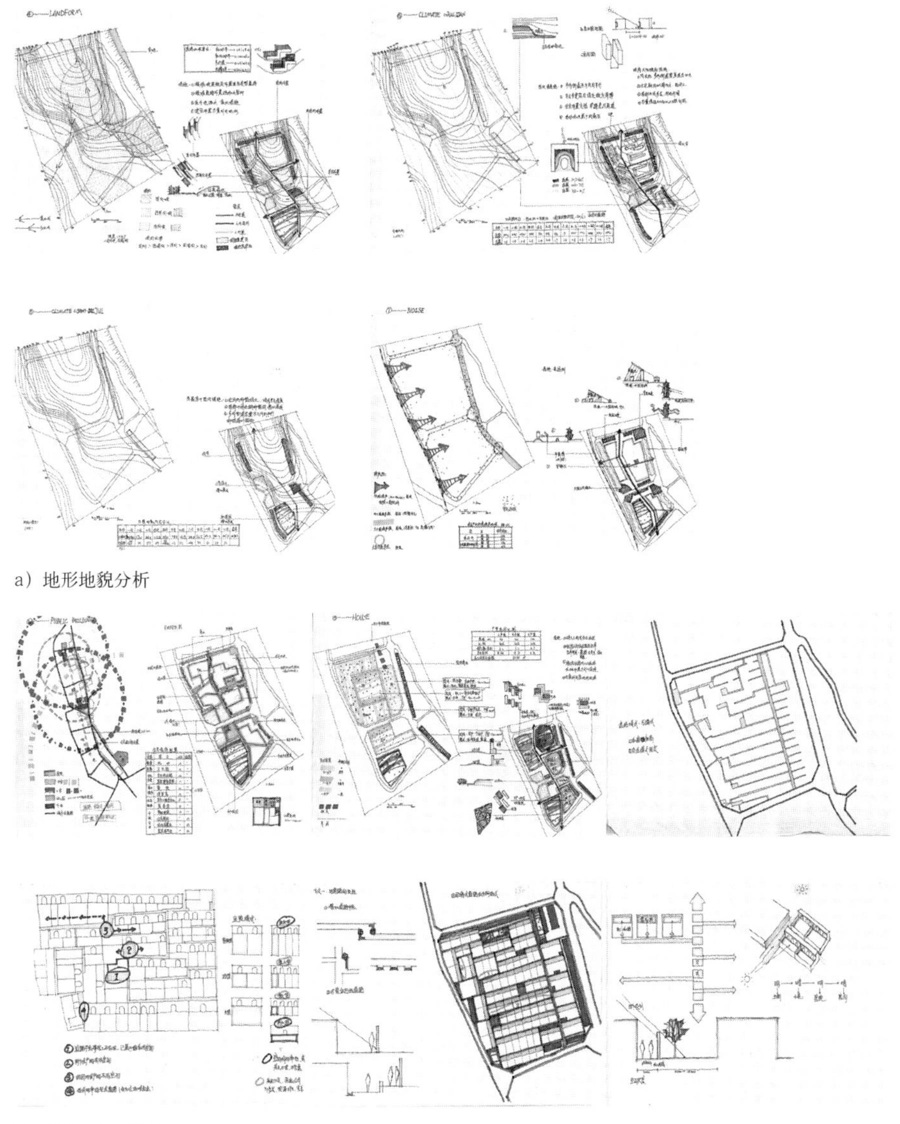

a）地形地貌分析

b）建设环境调查分析

图 2　规划基地调研分析

重要内容之一，应把理性思维、系统分析作为规划思维方法训练的基础[4]。教学中引导学生对规划基地调查内容进行分析判断时，按自然环境、建设环境、人文环境、历史遗产要素、公共设施配置等系统进行整理，分层次归纳，得到链条完整、逻辑合理的分析结论，此结论将会影响到学生对规划基地在人群定位、建筑形态、设施配置、与城市空间关系衔接等方面做出的判断（图 3）。

3. 定量分析与空间结构规划能力的培养

住区规划与各类城乡规划一样，都应对规划范围内的用地和空间做出使用合理的定量研究。居住环境规划设计课引导学生采用标准规范的量化分析与市场开发方式的量化分析两种方法路径，进行综合分析研究，再得到各类用地的指标、人口规模、建设规模以及设施配置的类型与规模等，引导学生学习多途径定量分析，研究规划设计工作中量化的合理性和优选性。

架构空间是定性定量研究的目的，实现这一目的是经过了上述各环节的分析研究方可达到的。定性定量分析的成果以用地结构和空间结构的形式来表现。规划结构图是规划思维方式的典型表现形式，教学中需反复讲解规划设计条件、定量定性分析、规划目标等之间的相关关系，训练和引导学生量化用地、明确功能、架构空间，并能用结构图的形式加以表达（见图 4）。

4. 功能组织与总平面布局规划能力的培养

总平面规划布局是修建性详细规划的核心内容，也是规划结构的深化，其中包含了各类功能设施的空间组织、建筑组群的组织、绿化景观的组织、人们行为活动的组织等。因此，

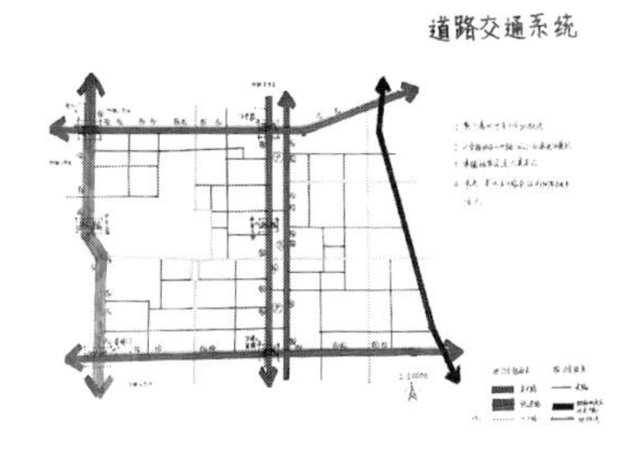

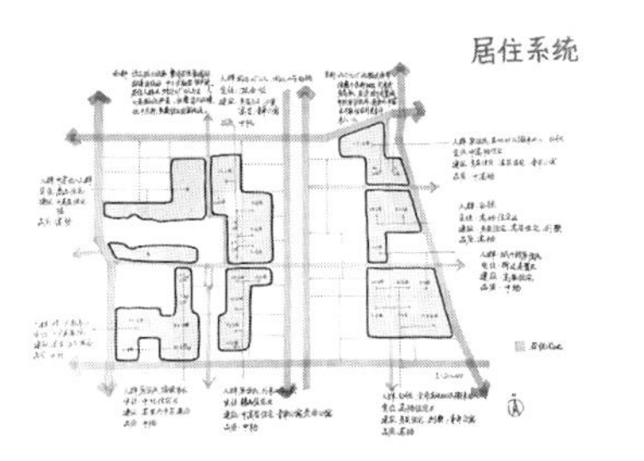

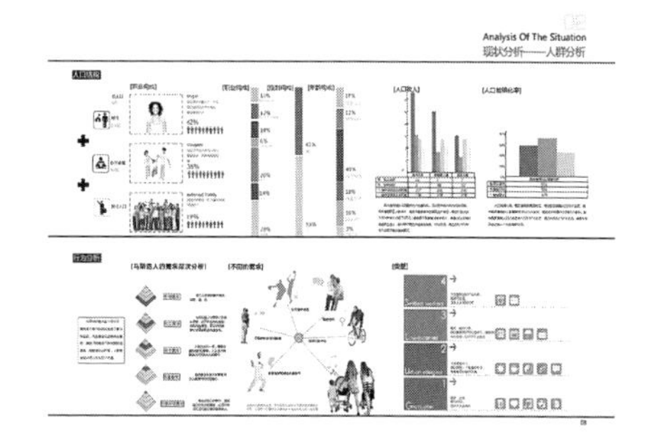

a）系统分析训练

b）人群定位研究

图 3　思维方式训练

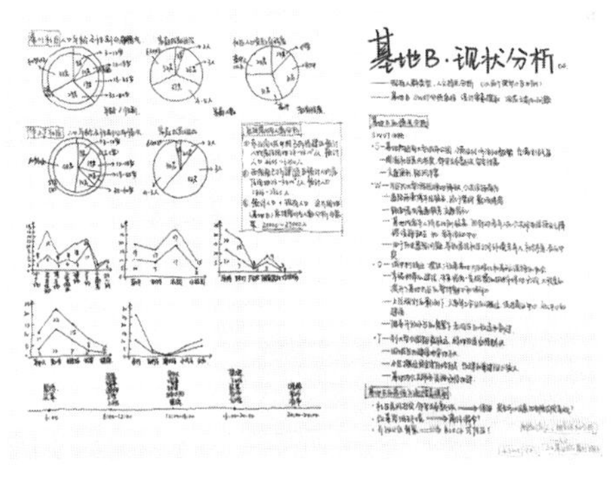

2.1宏观指标

项目	面积（公顷）	所占比例	人均面积（平方米）
居住区用地	65.1460	100	33.4
住宅用地	35.903	55	18.4
公建用地	13.092	20	6.7
道路用地	9.1204	14	4.7
公共绿地	7.1661	11	3.7

理想人群规划
东方厂101至106安置（共19489人）　吸引外来人群（600人）　共20089人

项目	教育	医疗卫生	文体	商业服务	社区服务	金融邮电
实际值	39481	7980	0	13100	0	300
理想值	40000	8000	5000	16000	1600	500
差值	1000	20	5000	2900	1600	200

a）定量分析

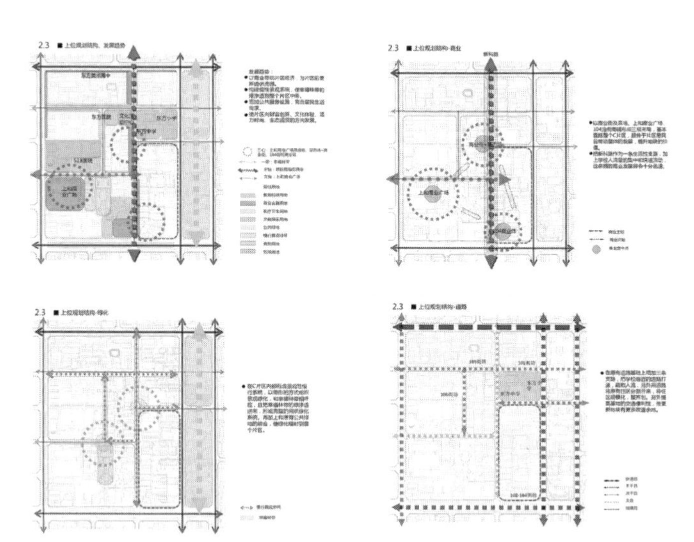

b）规划结构研究

图 4　定量分析与规划结构研究

住区规划作为典型的修建性详细规划类型，住区总平面规划布局能力的培养，其核心问题是在居住环境原理的讲授中，加强学生对日常居住生活活动和住区构成等内容的理解，在设计课教学也安排了较多的课时，以便学生能对住区总平面规划布局，进行多次的、反复的修改与调整，以达到训练的目的（图 5）。

5. 住宅设计以及邻里生活空间环境设计能力的培养

邻里生活空间或是由近宅空间所界定，或是通过住宅围合所得，总之，是最靠近家庭生活空间的居住外环境，与居民的日常生活活动关联度极高。教学中将住宅设计与邻里生活空间环境设计相结合，引导学生学习社区微空间环境的设计方法，也促使学生更加理解建筑与环境相互依存的关系，培养城市微空间环境的设计能力（图 6）。

引导学生进行邻里生活空间规模的研究，或许对居住街区的尺度与规模的确定有所帮助。这个内容的学习，为学生在以后面对街区制城市空间建设与改造打下了一定的理论基础。

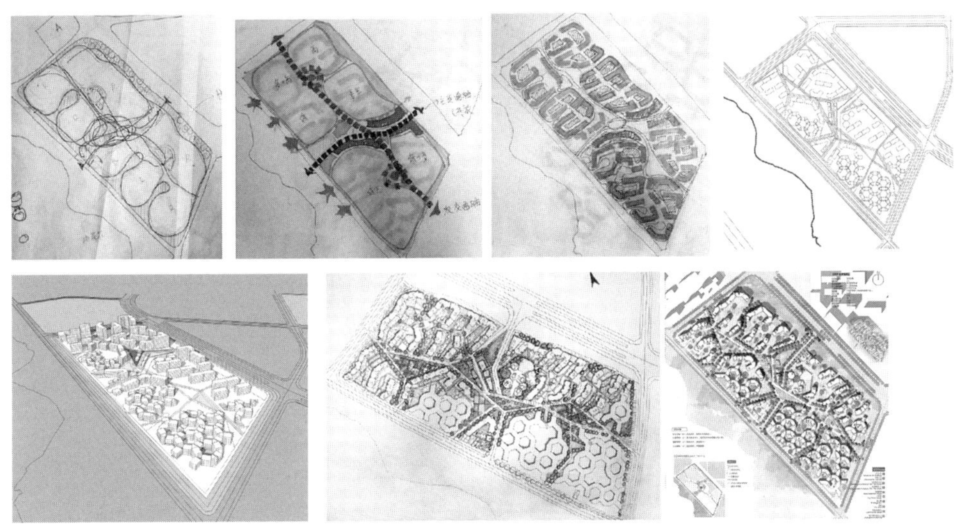

图 5　住区总平面布局的生成过程

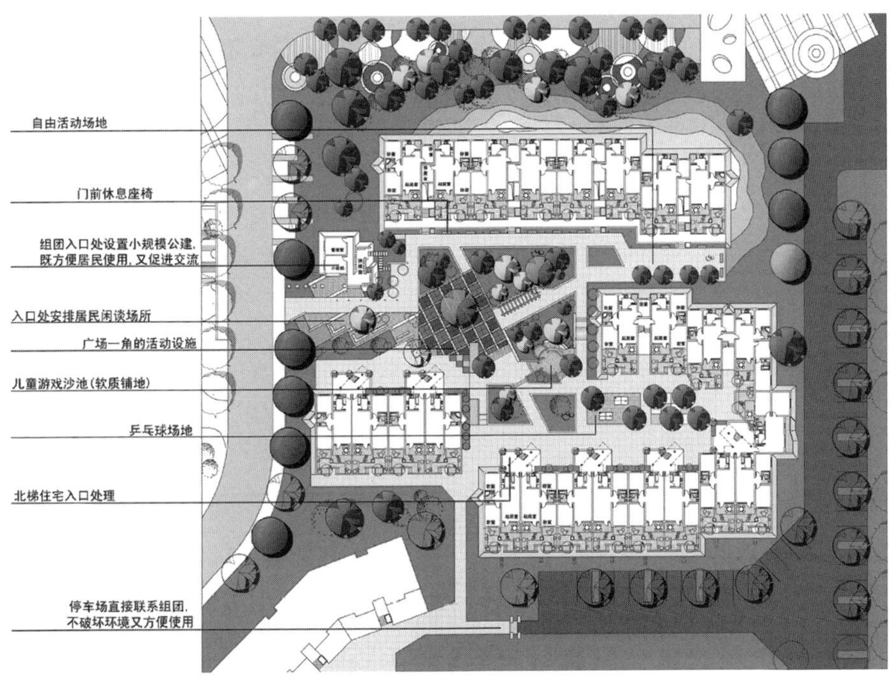

图 6　住宅与邻里生活空间环境设计

四、承启延拓的教学效果

1. 单一建筑空间向群体建筑空间、城市空间的转变

1～5学期属于城乡规划专业基础教育阶段，着重于设计基础、专业技能、专业基础三方面的教学，通常是以单栋或同类功能的建筑及环境为规划设计课题，空间、功能单一，问题复杂性低，主要采用了建筑设计方案解决空间环境问题，同时也解决学生对建筑的认知问题，奠定设计基础，训练专业技能，为后续的专业学习打下基础。

居住环境由住宅、公共服务设施、道路交通和绿化景观四个系统组成，相比较之前接触的设计类型，功能、空间和问题都有了一定的复合性和系统性，寓于城市之中，又有一定的独立性，需要分析研究规划地段所处的城市环境，但又可以形成独立的规划设计方案。因此，居住环境规划设计课程较好地实现了学生在学习中，对于认识、研究、解决空间问题的转变。

2. 建筑总平面研究向城市地段空间布局研究转变

在上述内容讲到基础教育阶段的设计课题是以建筑设计训练为主，其问题的研究、方案的提出基本限于规划设计基地内部，周边城市环境对设计影响几乎不考虑。居住环境规划设计课所设定的课题是要通过对规划设计基地周边的调查和研究，来做出定性定量的判断，调查要扩展到基地周边的城市环境，问题研究要从周边的城市环境中开始，方案的提出应对周边的城市环境及问题有所对应。这样一来就水到渠成地引导学生进入了城市地段的空间布局研究的模式。

3. 形象思维向系统思维的转变

基础教学阶段，专业启智、兴趣调动的需要，再加之建筑设计的训练，学生在思考问题时多以形象思维为主导，解决问题是也多采用的是形象、比例、尺度、色彩、风格、体量等方法和手段。居住环境规划设计课教学，引导学生进行上位规划分析、基地调查、环境调研，需梳理要素、分析层次、搞清系统，使思维方法逐步形成理性的、系统的、逻辑清晰的规划思维方式。

4. 低年级向高年级的过渡

居住环境规划设计课无疑是一门从低年级向高年级过渡的课程，这个转变的实现路径、方法在前文已有阐述，总结起来，不外乎要注意的问题是"适度"。

所谓"适度"，即课题选择要适度，不可太难，或过于复杂，又能与选修课所接触过的课题有所衔接；问题的复杂性要适度，居住环境的问题复杂度就呈现出适宜的状态，既是空间的问题又能将一定的城市环境和社会问题引入一同考虑进行研究；思维方式的转变，在于居住环境问题的"适度"，系统复杂度的"适度"，条理清晰，易于梳理和归纳，能让专业知识还不够丰富的学生分析起来，为后续的城市公共中心规划设计、控制性详细规划、城市总体规划等问题难度高、系统复杂度大的课程的学习打下基础，实现了循序渐进的过渡。

居住环境规划设计，在知识内容、问题讨论、学科发展、教学研究等方面还有许多内容值得研究与探讨，但在此文中，仅仅对我校居住环境规划设计课程在城乡规划专业本科学习阶段，起到的承上启下的作用与方法进行了阐述和讨论，还望各位专家、同行不吝指教。

注释：

[1] 高等学校城乡规划学科专业指导委员会编制。高等学校城乡规划本科指导性专业规范(2013年版) [S]. 北京：中国建筑工业出版社，2013.

[2] 惠劼，张倩，王芳．西安建筑科技大学居住环境系列课简介 [J]. 住区，2014 (02) ：28–30.

[3] 李德华．城市规划原理（第三版）[M]. 北京：中国建筑工业出版社，2001.

[4] 段德罡，王侠，张晓荣．城市规划思维方式建构—城市规划低年级教学改革系列研究4)[J]. 建筑与文化，2009,(5)：40–42.

作者：惠劼，西安建筑科技大学　副教授，硕士生导师；王芳，西安建筑科技大学　副教授，硕士生导师

乡村规划教学的传承与实践

蔡忠原　黄梅　段德罡

Inheritance and Practice of Rural Planning Teaching

■摘要："新常态"下乡村规划成为关注的焦点，然而乡村规划方面的"专业人才"还很欠缺，专业教育应该做出应对。本文首先对西安建筑科技大学目前的乡村规划教学体系进行了梳理，进而结合时代诉求下乡村规划的要求，提出了新时期乡村规划教学调整方案，制订了相对完善的乡村规划人才培养教学体系，最后以四校联合毕业设计为例展开从"选题—价值观引导—教学过程"的乡村规划教学实践的探讨，并指出了教学中尚存在的问题和面临的挑战，希望共同解决。

■关键词：乡村规划　教学传承　教学实践　西安建筑科技大学

Abstract: The rural planning has become the focus when China's economy has been entered the period of "The new normal", however, rural planning professionals are scarce, so professional education should be reply it. This paper proposed the new period rural planning teaching adjustment programs, and developed a relatively complete personnel training teaching system after analyzes the current rural planning teaching system of Xi'an University of Architecture and Technology at the first, then combined with rural planning requirements under the times demands. It expand the discussion from the selected topic—value guidance—teaching process of the rural planning teaching practice, as well as points out the problems and challenges still exist in teaching, and hope to work together to solve after joint four school graduation as an example finally.

Key words: Rural Planning; Inheritance of Teaching; Teaching Practice; Xi'an University of Architecture and Technology

1　引言：时代诉求变化对乡村规划的要求

改革开放近40年，中国城市建设取得令人瞩目的成绩，也改变了人的生活。人们在自然而然地享受着城市化带来的好处的同时，也开始担忧城市化带来的一系列问题：生态破坏、环境污染、交通拥堵、土地被侵占、乡村被蚕食……伴随着我国的高速城镇化，城乡发展差距越拉越大，国家对乡村的发展与建设问题越来越关注。2004 年以来，国家连续出台“一号文件”关注农村发展；2013 年习总书记在中央城镇化工作会议提出“望山看水记乡愁”，2014 年《国家新型城镇化规划（2014—2020）》提出要构建新型城乡关系，2015 年住房和城乡建设部明确了要争取在 2020 年实现县（市）域乡村建设规划全覆盖……如此，各地的“造村运动”、“新下乡运动”如火如荼地展开，乡村规划掀起了业界的大干热潮。

在高速城镇化下，乡村问题日益凸显：产业模式单一发展路径受限，但凡资源好一点的村落都盲目跟风发展旅游；自发地追逐现代化、国际化，传统空间受到破坏；追逐经济利益，老百姓背井离乡，导致村庄空心化，社会结构改变自组织系统瓦解……这些因素使得乡村的未来陷入危机，发展出路迷茫。目前乡村规划普遍存在的问题是脱离实际，可操作性不强，规划界对乡村是否需要规划的介入也是众说纷纭，反对“规划下乡”主要是认为乡村是靠自组织来实现自然生长的，无须外力干预，规划师以城市规划的思维方式介入乡村的发展与建设，简单套用城市规划的方法会毁了乡村。在这种担忧面前，也反映出规划界还没有做好面对乡村的准备，缺乏乡村规划的经验与方法，需要审慎对待。

在新型城镇化语境下，与乡村规划建设需求不匹配的是目前缺乏乡村规划方面的“专业人才”，如何使乡村发展跟上时代的步伐，具有整体观、系统性的规划学科的介入极其必要。2013 年新版《高等学校城乡规划本科指导性专业规范》在基本素质要求方面，提出了“职业道德”、“价值观”、“国际视野”、“现代意识”等的要求，明确了自然科学与人文社会科学并重的科学基础，其中乡村规划得到重视，将“村镇规划”列入了 10 门推荐核心课程之列，村镇规划、历史文化名城名镇名村保护规划列入 25 个知识单元之列。

2　西安建筑科技大学乡村规划教育的传统

西安建筑科技大学（简称“西安建大”）的乡村规划教育在理论与实践中都有涉及，主要贯穿于现有的课程体系中理论内容主要为：“城市规划原理”课程中有部分镶嵌内容，强调城乡关系；通过“村镇规划”选修课来满足对乡村规划感兴趣的同学；一直以来，虽不是把乡村规划作为一个完整的体系来讲述，但也都是把“城”与“乡”当作一体来看待的。设计实践主要体现在：“城市总体规划”课程中城乡统筹、城镇体系部分对乡村的涉及，以中小城市（镇）为主要对象的总规教学涵盖贯穿城镇、乡村的“县域（镇域）－村域－村庄”层面的城镇体系规划和村庄布点规划内容；“居住环境规划设计”课程中有面向西北地区的地域特征鲜明的乡土社区选题；部分 studio 课程中，教师结合自己的研究方向有开设“乡村”方面的专题；在过往的毕业设计中，“乡村”一直是一个重要的选题方向。另外，结合各类专业设计竞赛，一直以来有对各地域乡村地区的关注，如关中新民居建筑设计竞赛（新型地域建筑）、标志性成果 UIA 竞赛等（图 1）。

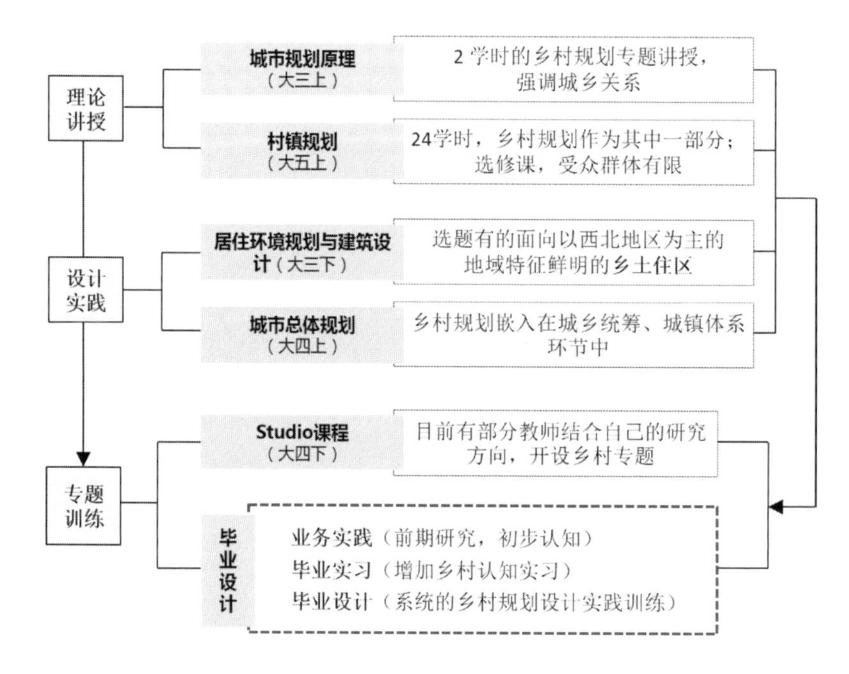

图 1　西安建大本科生乡村规划设计相关课程体系

3 传承与发展——乡村规划教学的应对

新时期的专业教育需要加强对乡村规划人才的培养，带着对历史的尊重，对时代诉求、城乡关系的系统性思考，乡村规划教学也应全方位应对。

3.1 乡村规划教学理念的传承与发展

（1）传承——乡村本源问题的应对。无论时代如何变化，不管“城”与“乡”有何不同，这两大相互依存的空间实体都是人类聚居的场所，即“人”的聚落，其本质都是对人及其生活环境的关注，也一直是西安建大城乡规划教学的基本架构。乡村应该有聚落共识并引以为豪的历史和文化，也就是有精神共同体的存在，这明确了乡村规划的原则——让乡村犹如植物一般，根植于养育她的土地上；让乡村犹如生命一般，成长在她的历史延长线上。

（2）发展——乡村时代诉求的应对。乡村与城市一样同样是为生活的美好而存在的，在传承传统智慧的同时，要有向前发展的动力，也就是应考虑时代发展诉求，理解村民的需求，不能剥夺村民享受时代进步、现代技术的权利。所以乡村教学中，要教会学生充分发掘资源，并运用现代科技（如互联网技术），将资源转化为产品进而变为特色商品，帮助村民致富。

3.2 西安建大的乡村规划教学体系优化

为了适应新时期乡村规划人才需求，让乡村规划教学体系规范化，受众群体扩大，结合 2016 版人才培养计划，西安建大城乡规划专业乡村规划人才培养教学方案调整如图 2。

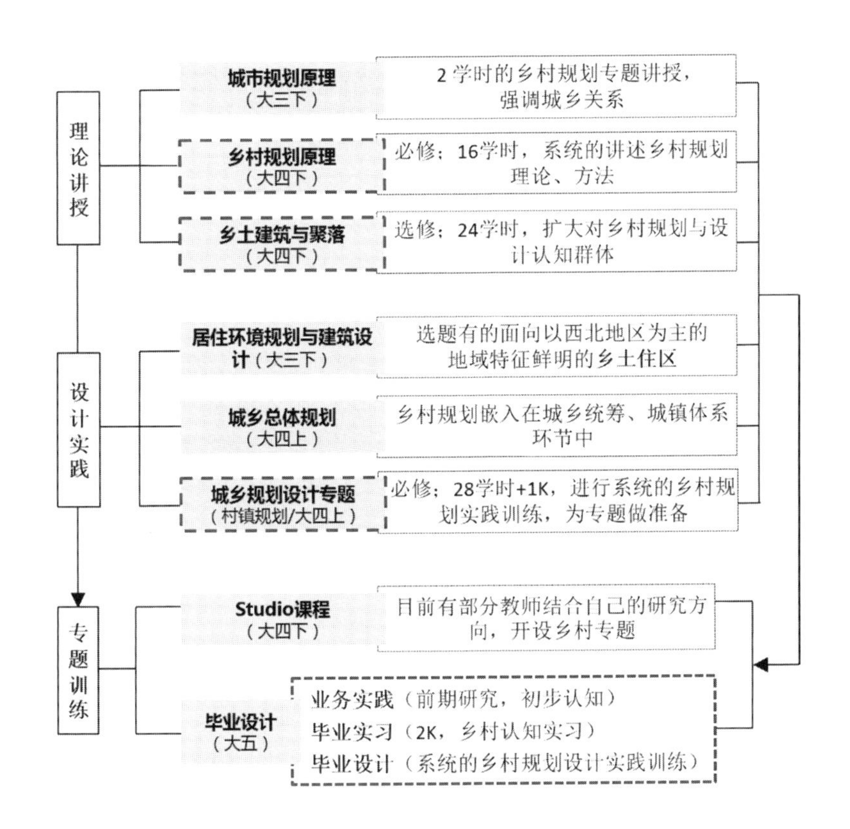

图 2 西安建大 2016 版乡村规划相关教学内容及体系

将原有“村镇规划”选修课程调整为城乡规划设计的一大必修专题课程，时间由原来的大五上学期提前至大四上学期，并有相应的设计实践环节；理论教学中增设“乡村规划原理”必修课，系统地讲述乡村规划理论、方法、历史及未来，增设“乡土建筑与聚落”选修课程，扩大乡村规划设计受众群体。如此，学生们在选择“乡村”为主题的 Studio 课程和毕业设计时，已基本经受过系统的乡村规划训练，为更好地进入状态、顺利地开展具有可操作性的乡村规划设计做好准备。

4 乡村规划教学实践——以四校联合毕业设计为例

4.1 乡村规划教学中的价值观

做乡村规划应首先具备一个正确的价值观，专业教育中应重点从以下几方面来引导学生形成正确的行业价值观。

1. 强调“以人为本”，以为乡村的人和生活服务为起点

城与乡的构成要素，不只是空间实体，更重要的是存在于空间上的人及生活，空间的设计要尽可能地为人创造幸福的生活环境。乡村独特的实施机制——村民自治，决定了这个“熟人社会”中的许多问题都是社会问题、“人”的关系问题，因此，乡村规划教学要更加注重对乡村中“社会”、“人”的关注，以为乡村的人和生活服务为起点。规划师长期以来对技术工作得心应手，对社会、人文学科的工作方法却掌握甚少，如在具体的工作中，清楚如何“摆房子”、“串空间”，而不知道怎样恰当地与村民沟通、开展参与式调查。教学中必须注重社会、人文类学科的方法，加强对学生社会、人文素养的培养，掌握人类学的田野调查方法，建立以村民为主体的参与式调查方法。

2. 引导村民参与、践行“参与式规划”机制方法

规划应该给予人理性选择的机会而不是替他们做出自以为正确的选择，“以人为本”是以“人性”为本（梁鹤年，2014）。在多元价值取向下，规划师必须明确一点：乡村是农民自己的乡村，做乡村规划要建立以村民为主体的“参与式规划”机制，实现由“规划师主导”向“村民主导”的价值观转变。乡村与城市有着完全不一样的生产、生活模式和空间特质，因此规划设计者必须充分了解乡村社会、认知乡村空间、理解乡村生活，才能做好乡村规划。现在乡村规划中出现的一些问题往往就是规划师对乡村的生产生活、社会结构以及村民的需求不够了解，对乡村发展的特点和规律认知不清造成的。因此需要针对村庄的特殊性和村民自身的诉求，分配大量时间做在地研究，教学中有必要增加乡村认知实习环节，让学生深入农村地区实地体验，切实理解农村发展的现实问题和农民真实的内在诉求（图3）。

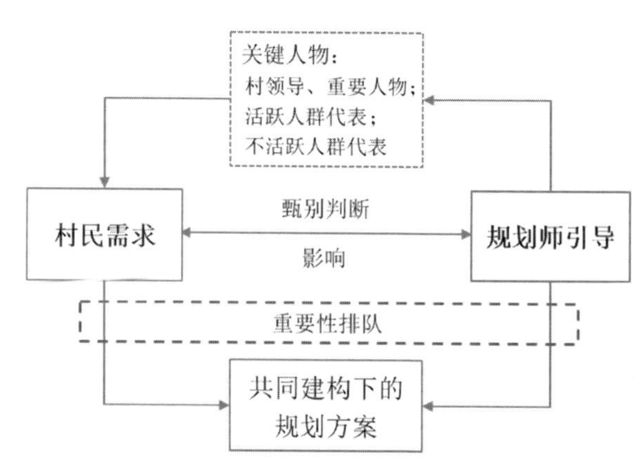

图3 乡村规划中参与式规划机制的建立

3. 注重价值甄别，培养学生独立的价值判断能力

教育不仅仅是知识培养，也是一种价值传递。张庭伟（2004）提出价值观教育的目的是培养学生成为具有职业道德的规划师，学生能发现这些价值观并对其重要性以及影响进行辩论。对于刚接触乡村的学生来说，可以先保留他们自己的看法，之后再进行价值甄别。在实际工作中，由于部分村民素质不同及其对自身个人利益的过度追求，基于村民的需求也不一定是完全合理的。因此，规划师需要对问题的重要性及其价值进行甄别。这时，“人”的需求应是基于把公共利益和价值放在首位，规划师须利用自身所掌握的专业知识和话语权，站在相对客观的立场上并重视村民主体性，并非无条件地满足村民的各类需求（王韬，2014）。通过对村落资源的挖掘、特质的研究及对村民意愿的尊重等因素，学生做出自己的价值判断，确定规划目标（核心价值取向）、原则等，进而提出应对策略、实施措施，即路径的建构。

4.2 类型覆盖：地域视野及全国视野

乡村有很强的地域性特征，为了扩大学生对不同地区乡村的接触面，西安建大、华中科技大学（简称“华科”）、昆明理工大学（简称“昆工”）、青岛理工大学（简称“青岛理工”）

四校组建了专门针对乡村的毕业设计联盟，针对华中、西北、西南、华东地区的乡村轮流出题，每年选择几种不同类型的乡村作为教学研究基地，致力于对不同地域乡村发展、保护、规划、建设开展以研究为基础的毕业设计教学工作，同时教学过程中推出系列学术交流活动。此联合毕业设计的选题强调对不同地域、不同类型（不同地形、与城市的不同关系、不同的经济发展水平等）的乡村的覆盖，如 2015 年首届活动由华科承办，选择湖北省山地丘陵型、平原河网型、大都市周边型三种类型的乡村，围绕新型城镇化背景下的“乡村规划”主题，开展具有中部地区特色的乡村研究和规划设计；2016 年活动由昆工承办，选择云南大理城市周边型、一般普通型、传统村落型三种典型类型的乡村聚落，围绕“村落活化”主题，展示具有西部地区特色的少数民族村落乡村教学与研究。

4.3 教学过程

西安建大的毕业设计选题在第四学年第二学期中旬就已敲定下来，因此接下来的“规划师业务实践”、“毕业实习”课程就可以围绕毕设专题展开，围绕毕业设计选题，将整个教学过程分为前期研究、认知实习、规划设计 3 大阶段，针对每一阶段的具体环节要求学生完成相应的作业（图 4）。通过让学生进行前期准备工作（包括案例解析、读书报告、地域乡土聚落研究等内容），初步建构对乡村规划设计理论、实践、方法的认知，加强对地域乡土聚落的在地研究，为下个学期的毕业设计做好准备；通过现场调研认知实习，深入农村地区体验，加深对农民生产、生活的理解，对地方习俗、文化的理解，并引导他们加强对“空间背后的问题”的反思，较早地培养价值观判断，为更好地做出具有可操作性、落地性的规划设计奠定基础；通过“前期研究—观念设计—路径建构—规划设计—答辩汇报”的全过程、系统的乡村规划设计教学训练，让学生掌握乡村规划设计的技术与方法、要点与重点，明确各个系统间的相互关联性及在空间层面的实现途径（图 5）。

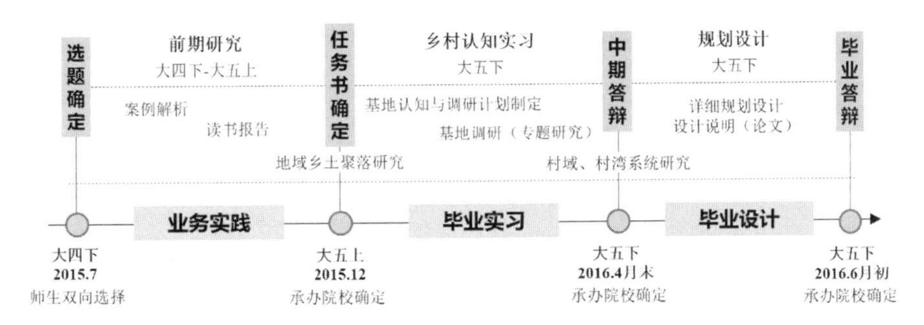

图 4　乡村规划毕业设计教学阶段安排

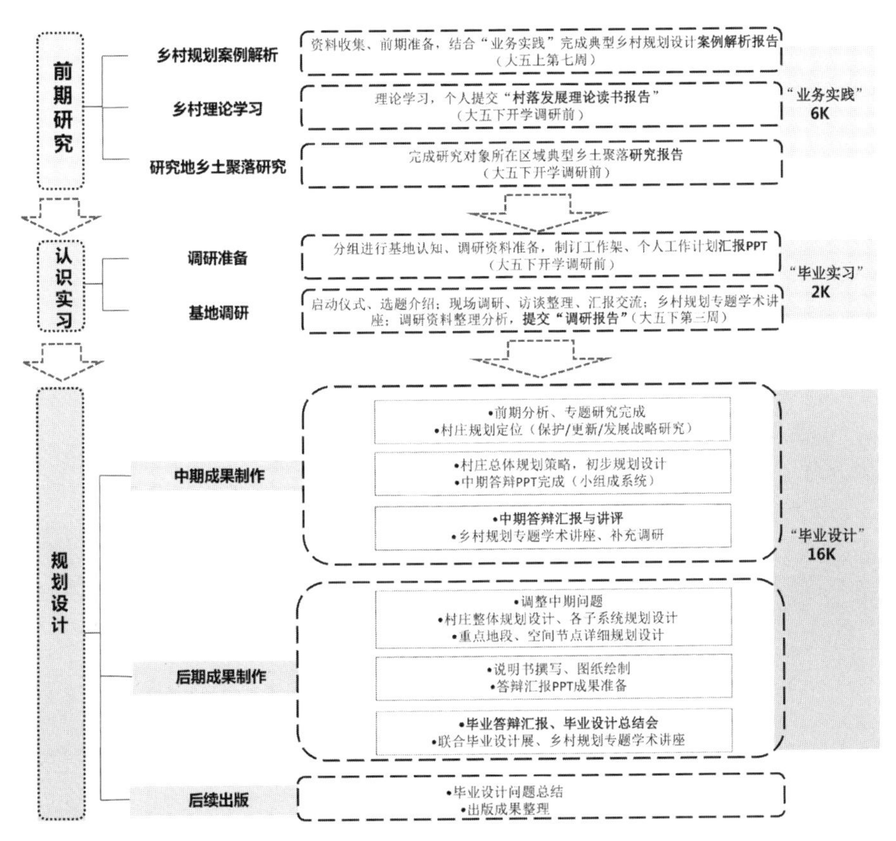

图 5　毕业设计教学全过程具体阶段安排

更广泛的乡村规划教育不仅仅是依赖课堂教学时间，还需要社会各界搭建学术平台，为学生提供更多、更广的乡村规划学习机会。该联盟本着"不只是进行毕业设计教学，还要展开全面广泛的乡村研究"的宗旨，在教学过程中安排了系列学术交流活动：一是来自于四校共同推出的学术报告；二是来自学生的专题研究。在教学过程中结合前期调研、中期检查和最终答辩三个环节，共穿插组织3次学术交流活动，邀请该领域内的专家学者和指导教师做一系列关于乡村规划建设的学术报告（表1）。通过学术平台的搭建，加强学生对乡村规划相关理论、实践、方法内容的学习。

2015年首届联合毕业设计学术交流活动安排表　　表1

环节	学时	教学内容	交流报告信息
前期调研	7天	乡村规划学术周： ·联合毕设启动仪式、选题介绍 ·现场调研、整理、汇报交流 组织3场乡村规划专题学术讲座	·黄亚平（华科）：新形势下的小城镇规划 ·段德罡（西建大）：西部·乡村·规划·思考 ·徐皓（昆工）：村庄规划导则探讨
中期答辩	2天	·中期成果答辩检查 ·学术报告、学生补充调研 组织3场乡村规划专题学术讲座	·毕光建（台湾地区淡江大学）：乡愁的终点——乡村策略性规划 ·林建伟（武汉市规划院）：全域新洲徐古镇村庄体系建设规则 ·蔡忠原（西建大）：有限设计思想下的陕西关中平原村落更新发展模式研究——中合村为例
最终答辩	2天	·毕设答辩、联合毕业设计展 ·学术讲座、联合毕业总结会 组织3场乡村规划专题学术讲座	·洪亮平（华科）：关于乡村规划的几点认识 ·朱良文（昆工）：关于传统村落保护发展规划的思考 ·段德罡（西建大）：乡村规划建设的观察与思考

5　结论

乡村规划亦是对"人及人的生活"及其"承载空间"的规划，需要深度践行"以人为本"的基本价值理念，走进乡村进行在地研究，切实理解村民的生产生活，了解村民的发展诉求。然而乡村规划还处于探索期，乡村规划教育依然面临着诸多的问题与挑战需要大家共同应对：一是无农村生活经验、未受过系统的乡村规划训练的学生很多，对乡村的理解太少，要在有限的教学时间做出地域适宜性的规划设计难度颇大；二是从老师到学生长期以来所接受的知识、能力体系都是对城市的应对，面对不同地域的乡村，尚缺乏成熟完善的技术、方法，不像做城市规划那样得心应手。这些问题不是短时间能解决的，但我们在教学中必须对问题保持持续性的思考，才能使得乡村规划能够呈现出较好的结果。新的乡村规划教学体系的执行会缓解这些问题，但也需要一个过程。

参考文献：

[1] 梁鹤年．可读必不用之书（一）——顺谈操守（续）[J]．城市规划，2001，25(6)：68–74．
[2] 张庭伟．知识·技能·价值观——美国规划师的职业教育标准 [J]．城市规划汇刊，2004(2)：6–8．
[3] 特约访谈：乡村规划与规划教育（一）[J]．城市规划学刊，2013(3)：1–6．
[4] 梁鹤年．再谈"城市人"：以人为本的城镇化 [J]．城市规划，2014(5)：64–75．
[5] 石楠．新型城镇化与城市规划教育改革 [J]．城市规划，2014，38(1)：65．
[6] 王韬．村民主体认知视角下乡村聚落营建的策略与方法研究 [D]．杭州：浙江大学，2014．
[7] 黄梅，段德罡，蔡忠原．价值观主导下的乡村规划教学探索 // 城乡包容性发展与规划教育 [C]．北京：中国建筑工业出版社，2015．

图片来源：

图1：根据相关课程教师提供教学内容整理绘制。
图2：根据2016版人才培养方案及相关课程教学内容整理绘制。
图3～图5：作者自绘。

作者：蔡忠原，西安建筑科技大学建筑学院讲师；黄梅，西安建筑科技大学建筑学院助教；段德罡，西安建筑科技大学建筑学院教学副院长，教授

联合毕业设计的教学经验与思考

尤涛　邸玮

Experience and Thinking on the Joint Teaching of Graduation Design

■摘要：校际联合毕业设计是近年来国内部分建筑类院校中积极开展的一项教学实践活动。西安建筑科技大学建筑学院在联合毕业设计方面已进行了5年的有益尝试，积累了较为丰富的教学经验。这一教学实践活动对毕业设计乃至整个本科教学都起到了积极的促进作用，具体体现在：(1) 提高了毕业设计的成果质量和教学水平；(2) 开阔了师生的地域视野；(3) 拓展了师生的专业视野；(4) 促进了建筑学院课程设计教学改革。当然，联合毕业设计的教学实践中还不可避免地存在一些问题，有待今后不断调整改善。
■关键词：联合毕业设计　双联合　UC4　经验
Abstract: In recent years, the joint teaching of graduation design is a developing practice in domestic architectural colleges. During the past five years, it has accumulated a lot of experiences in this respect in Xi'an University of Architecture and Technology. This teaching practice has given a positive impact on the graduation design and the other undergraduate courses in the following aspects: (1) The quality and level in the graduation design was improved greatly; (2) The scope of interregional view of the teachers and students was expanded; (3) The professional field of the teachers and students was expanded; (4) The reform of undergraduate teaching in the school of architecture was promoted. Inevitably there are some problems in the joint teaching of graduation design which should be improved in the future.
Key words: Joint Teaching of Graduation Design; Double-Joint; UC4; Experience

联合毕业设计（简称"联合毕设"）是近年来我国建筑类院校相关专业为促进学科发展、交流教学经验而开展的一项教学实践活动。2007年，北京建筑大学和清华大学、东南大学发起了国内首个由八所院校建筑学专业组成的联合毕设。2012年，西安建筑科技大学建筑学院也开始了联合毕设的教学试验。

一、西安建筑科技大学建筑学院联合毕设概况

2012 年，西安建筑科技大学和重庆大学的城乡规划、建筑学和风景园林三专业联合毕设正式启动。同年，西安建筑科技大学、北京建筑大学、苏州科技大学、山东建筑大学、安徽建筑大学等院校开始了"东部"院校城乡规划专业联合毕设。

2013 年开始，中国城市规划学会支持成立了城乡规划专业"六校联合毕业设计"（清华大学、同济大学、天津大学、东南大学、重庆大学和西安建筑科技大学）。同年，西安建筑科技大学和哈尔滨工业大学、西安建筑科技大学和华南理工大学也开展了"一对一"的三专业联合毕设。

2014 年，西安建筑科技大学、重庆大学、哈尔滨工业大学和华南理工大学正式成立了四校建筑学院教学联盟（简称"UC4 教学联盟"）（图 1），确定了城乡规划、建筑学和风景园林三专业参加的联合毕设模式。同年，西安建筑科技大学和西南交通大学也开始了城乡规划专业联合毕设。

2015 年开始，西安建筑科技大学、昆明理工大学、华中科技大学开始以乡村规划为主题的城乡规划专业联合毕设。

2016 年，西安建筑科技大学、西南交通大学、昆明理工大学、四川大学开始了"西部"四校三专业联合毕设。

至此，西安建筑科技大学建筑学院已参与组建了 5 个以城乡规划专业为主的联合毕设教学组织。2016 年，城乡规划专业约三分之二的毕业班学生参与了联合毕设。

二、UC4联合毕设的"双联合"教学实践经验

西安建筑科技大学、重庆大学、哈尔滨工业大学和华南理工大学的四校联合毕设（简称 UC4 联合毕设）开展 5 年来，已逐步摸索并形成了以下几方面的教学经验。

（一）校际交流、专业协作并重的"双联合"模式

目前的联合毕设大体可以分为两种模式，即单一专业联合和多专业联合。以 UC4 联合毕设为代表的联合毕设采用的是后一种模式，即城乡规划、建筑学和风景园林三专业联合，我们称之为"双联合"模式，即在实现校际教学交流的目的之上，探索在本科教学的高年级阶段，实现城乡规划、建筑学和风景园林三个专业之间的交叉联合。

西安建筑科技大学、重庆大学、哈尔滨工业大学、华南理工大学同属我国建筑类院校中的"老八校"，具有悠久的办学传统，因分别地处西北、西南、东北、华南，各自在生态脆弱地区人居环境和文化遗产保护、山地人居环境、寒地人居环境、业热带人居环境研究领域显示出较强的地域文化特色。

2011 年，国务院学位委员会和教育部公布了新的《学位授予和人才培养学科目录》，将城乡规划学、建筑学和风景园林学并列为一级学科，三个学科从原来的从属关系转变为密切关联与交叉关系，分别从不同空间尺度和角度对人居环境进行研究，形成了"三位一体、三足鼎立"的格局。但学科的分立也带来一些负面影响，以城乡规划专业为例，在学科地位提

图 1　UC4 教学联盟成立合影

高的同时，城乡规划系的教学也进一步专门化，城乡规划专业学生逐渐形成强烈的专业认同感。在城乡规划学科发展日益成熟、专业教学日趋完善之际，也出现了因专业划分过细而导致的一些问题：规划思维的系统性、逻辑性增强，分析策划能力提高，而空间形体设计等方面的动手能力明显下降；城乡规划学专业也开始对建筑、风景园林专业缺乏了解，缺乏与其他专业的沟通协作能力，形成较明显的专业隔阂。然而对在城乡建设中承担利益平衡、协调角色的城乡规划专业学生来讲，与相关专业的沟通协作能力显得尤为重要。

因此，在实现地域文化交流目的的基础上，突破专业界限，强调专业协作，实现跨专业联合教学，就成为 UC4 联合毕设的重要特色。当然，由于各专业特点和进度要求的差异，专业联合方面的教学组织也难免会出现互相掣肘、互相迁就的情况。目前，除 UC4 联合毕设外，〝双联合〞模式也已经在 2016 年的〝西部〞四校联合毕设中运用推广。

（二）以城市设计为纽带的专业协作

以城市设计作为城乡规划学、建筑学、风景园林学的专业纽带的思想，早在 1999 年国际建协（UIA）第 20 届世界建筑师大会发表的《北京宪章》对〝广义建筑学〞的阐释中就已经有了明确的论述，〝广义建筑学，就其学科内涵来说，是通过城市设计的核心作用，从观念上和理论基础上把建筑学、地景学、城市规划学的要点整合为一〞，并被国内外建筑界广泛接受。2015 年以来，国务院、住房和城乡建设部也不断强调城市设计工作的重要性，以提高我国的城市建设水平。

UC4 联合毕设以城市设计为纽带，充分发挥城乡规划学、建筑学、风景园林学的专业优势并相互补充，规划专业学生可以从城市规划的高度对基地进行系统分析和准确定位，建筑专业学生可以从建筑单体和群体空间组织上对形体空间进行深化，风景园林专业学生可以从外部空间和生态学视角对城市空间进行优化，最终实现对整个地段设计的全面深化。

（三）“四环节、三阶段”的教学组织模式

自 2012 年开始，经过 5 年来的教学实践，〝双联合〞毕设已形成了相对成熟的〝四环节、三阶段〞教学组织模式（图 2）。

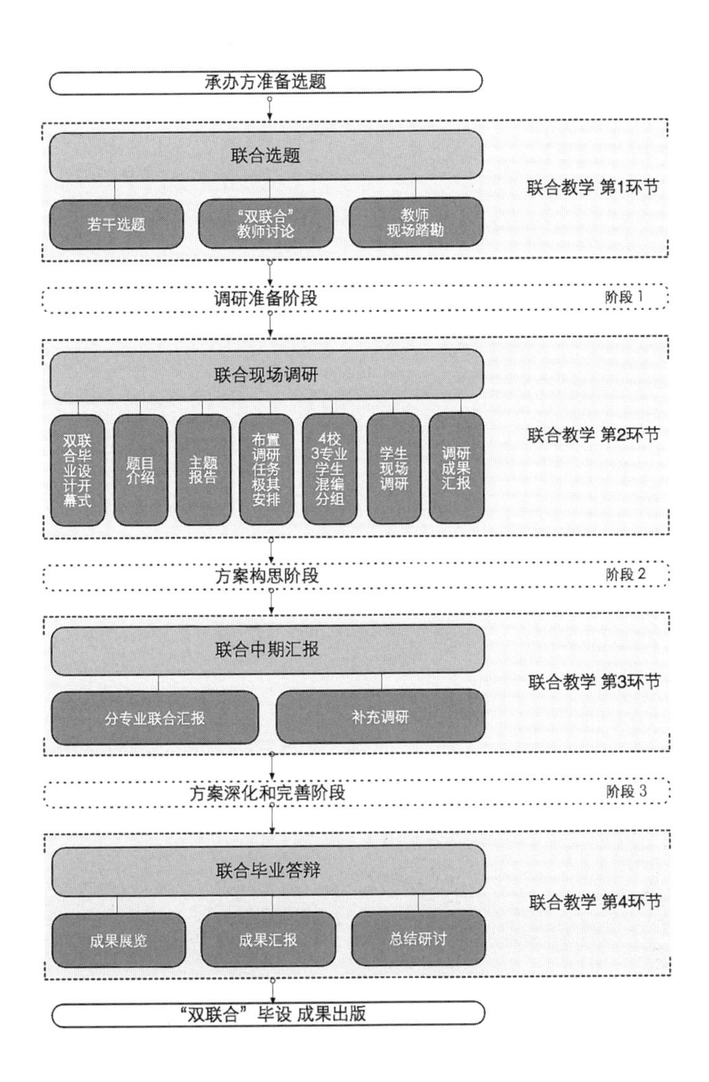

图2 “四环节、三阶段”教学组织模式图

"四环节"，是指四个联合教学环节，即"联合选题"、"联合现场调研"、"联合中期汇报"和"联合毕业答辩"。"联合选题"一般在毕设开始的前一个学期进行，以便各校提前布置教学任务，开展调研之前的相关资料准备和案例研究工作（为节约时间和经费，目前联合选题环节已提前至前一年毕业答辩环节来合并操作）。通常由承办学校提前准备若干选题，各校教师在进行相关评估、现场踏勘后讨论确定最终选题。"联合现场调研"环节通常安排一周，周一上午为与设计课题相关的背景知识讲座和布置设计任务、调研安排，周一下午至周四，三专业学生采用混合分组的方式进行现场调研及调研成果整理，周五以 PPT 方式进行调研成果汇报，教师点评，完成的调研成果各校共享。"联合中期汇报"一般安排在承办学校进行，以便于外地学生在中期汇报结束后进行必要的补充调研。"联合毕业答辩"则在下一届承办学校进行，为各校师生创造不同学校、不同城市的体验交流机会。"联合中期汇报"和"联合毕业答辩"作为中期和最终成果交流阶段，各校都组织了指导教师以外的专业教师广泛参与，进一步扩大和加强了校际交流效果。

"三阶段"，是指各校自行组织的教学阶段，即"前期准备阶段"、"方案构思阶段"和"方案深入和完善阶段"，分别对应"四环节"之间的三个时间段。

UC4 联合毕设开展 5 年来，成为四校相互了解、相互学习和教学交流的重要平台，极大地扩展了广大教师和学生的专业视野和地域视野。几年来，四校参与联合毕设指导和各环节交流的专业教师已超过 100 人，参与的学生总人数达到 500 余人。

三、联合毕设对本科教学的促进作用

建筑学院的联合毕设开展 5 年来，对本科教学的改革与发展起到了显著的促进作用，主要体现在以下几方面。

（一）通过校际交流，提高了毕业设计的成果质量和教学水平

在开展联合毕设之前，以规划专业为例，毕业设计选题多为二三十顷的各类城镇建设用地或旅游景区的详细规划，毕业设计成果规定为不少于 7 张 A1 图纸，设计任务和成果要求都相对简单。联合毕设出于团队合作和专业联合的需要，从一开始就确定了较高的设计难度和教学目标。以参加 UC4 联合毕设的规划专业为例，无论选题难度、设计要求、成果要求还是答辩要求，都远超过校内毕业设计。

从选题来看，联合毕设的基地面积普遍在 1km^2 以上，且位于大城市的中心或边缘区域，现状复杂，问题突出。2012 年的设计基地为唐大明宫西宫墙周边地区，用地面积为 2.3km^2，是道北棚户区改造与大明宫遗址保护矛盾突出的地区（图 3）；2013 年的选题为重庆特钢厂旧址，用地面积略小，为 0.83km^2，面临着废弃老旧厂区的改造利用问题（图 4）；2014 年的基地为西安幸福林带地区核心区，用地面积超过 5km^2，涉及幸福林带地区的总规模超过 17km^2，是西安的老"军工城"，长期以来城市建设发展缓慢（图 5）；2015 年的基地为松花

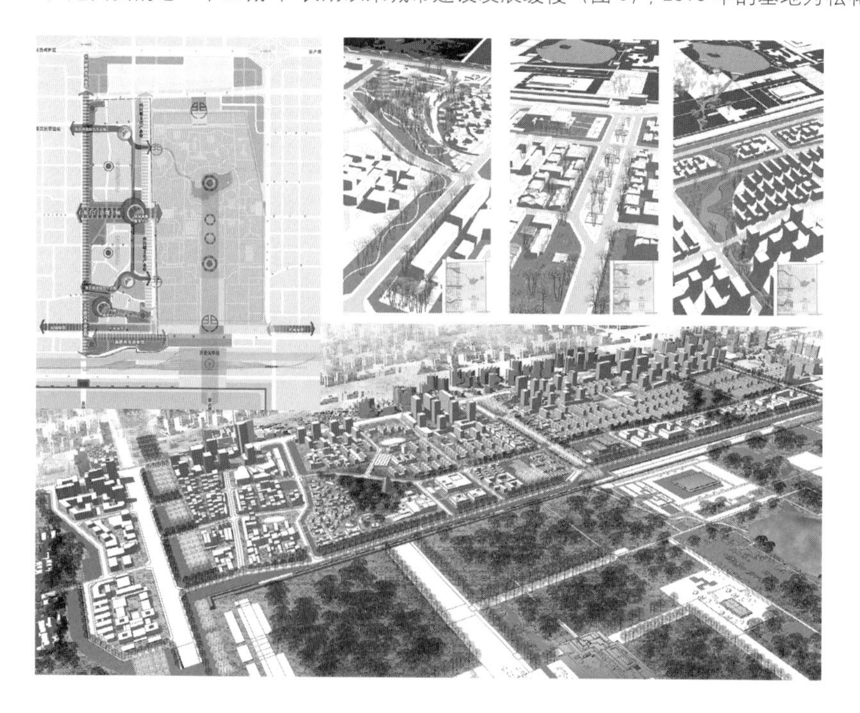

图 3　2012 年西建大学生方案

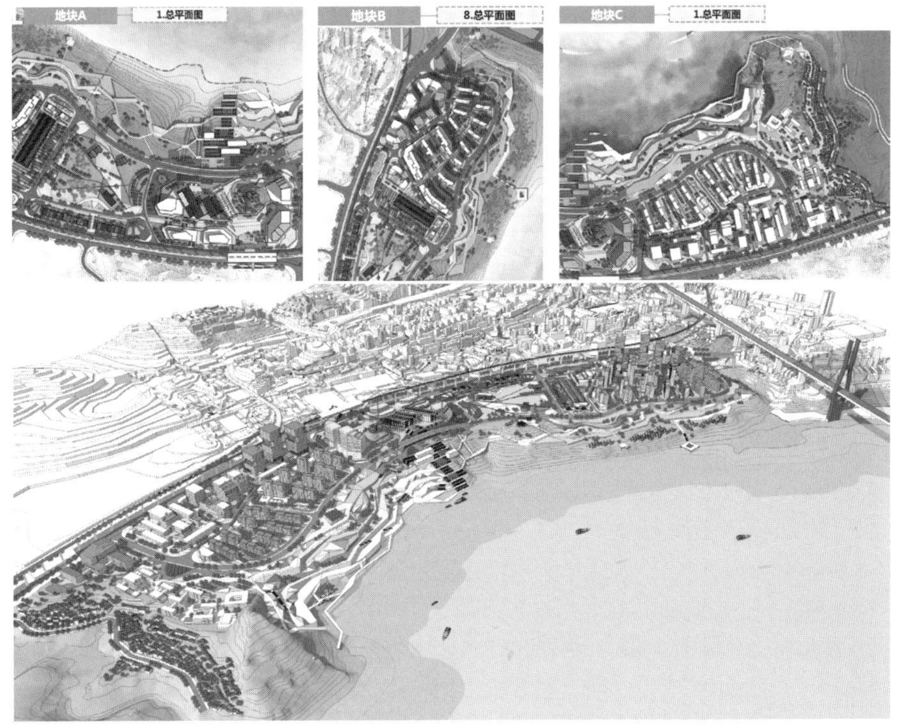

图 4　2013 年西建大学生方案

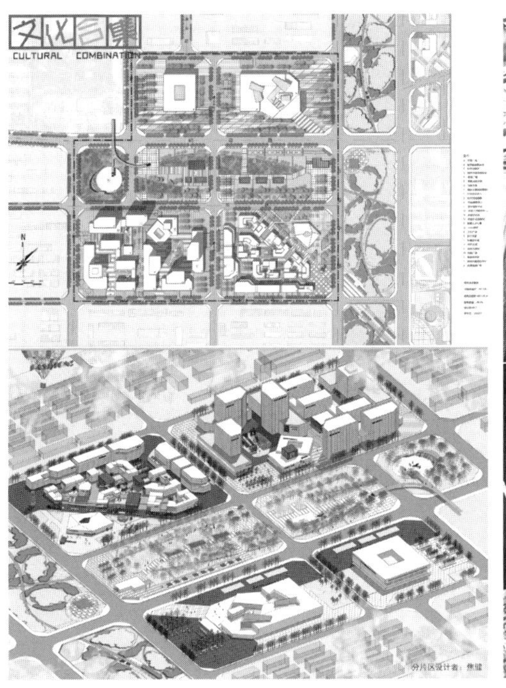

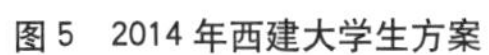

图 5　2014 年西建大学生方案

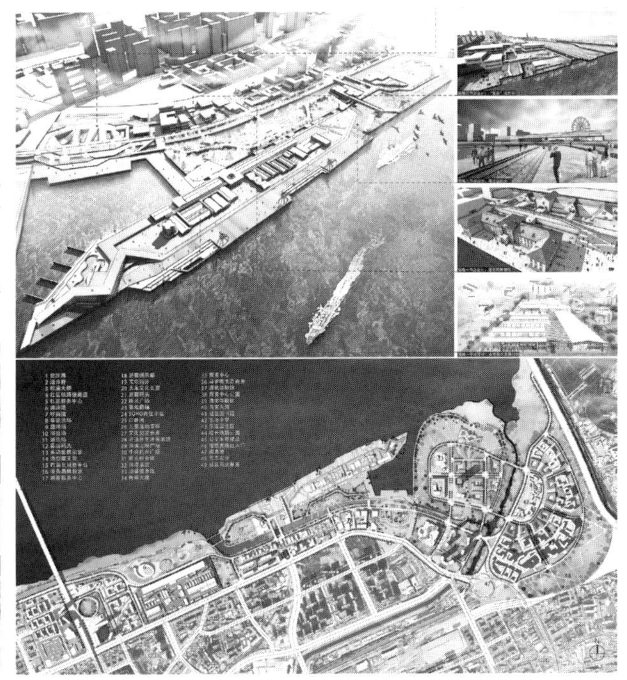

图 6　2015 年西建大学生方案

江边已经废弃的港务局地区，用地面积为 2.25km^2，与 2013 年的重庆特钢厂问题相似（图 6）；2016 年的选题为广州新中轴南段区域，用地规模为 3.5km^2，现状用地复杂，建筑存量巨大，与上位规划提出的新中轴南段定位相去甚远。可以看出，联合毕设的基地规模和设计难度远超过校内的一般选题。

从设计要求来看，联合毕设是以城市设计为核心，规划专业不仅要完成基地的用地布局和交通组织等基本规划要求，更要对基地的三维空间组织如高度控制、界面组织、开放空间、建设强度控制等做出统一安排。而特殊的区位环境、较大的用地规模和复杂的基地现状，都使城市设计的难度也随之加大。

从成果完成情况来看，联合毕设最后提交的是完整的一套规划设计图册，内容既包括前期分析、总体定位、规划目标和规划策略体系、空间总体布局和各地块详细规划，还包括一套覆盖整个基地的城市设计导则，此外往往还辅以复杂的电脑动画展示。横向比较，无论成果内容还是设计深度，也都远远超过校内毕设。

从学生的汇报答辩情况来看，联合毕设的中期检查和毕业答辩环节都有相对正式的汇报环节，对汇报的语言组织、逻辑性和时间控制等有更高的要求。参加联合毕设的学生从最初一两届的不适应，到后来几届的自如应对，汇报能力有了明显的提高。

因此，可以说从选题难度、设计要求、成果完成情况和学生汇报能力等各个方面，联合毕设都较以往的校内毕设有了显著提高。几年来，每年都有UC4联合毕设的成果被评为校级优秀毕业设计。目前，联合毕设在建筑学院内已形成良好的口碑，报名参加联合毕设的同学十分踊跃。

（二）立足不同地域特色的设计选题，开阔了师生的地域视野

UC4联盟四校分别地处我国的西北、东北、西南和华南地区，其自然地理和气候环境、所在城市的历史文脉以及总体发展水平也大不相同。其中，西安建筑科技大学地处关中平原、历史积淀深厚的十三朝古都西安，城市建设必须与文化遗产保护相协调，2012年的选题“守望大明宫——唐大明宫西宫墙周边地区城市设计”就必须同时处理好西安道北棚户区更新改造与大明宫遗址保护展示的关系；重庆大学地处四川盆地东部的低山丘陵地区，素有“山城”之称，是典型的山水城市，2013年以沙坪坝区已经停产废弃的重庆特钢厂旧址为基地的“延续与发展——老旧工业厂区城市空间特色再创造”选题，既要处理好基地内较大的地形高差关系和嘉陵江水位的涨落影响，又要处理好工业遗产的保护与利用问题；哈尔滨工业大学地处东北“冰城”哈尔滨，具有典型的寒地气候特征，2015年以松花江边已经废弃的港务局用地为基地的“重构与激活——哈尔滨港务局地区城市设计”选题，在探讨工业遗产保护与利用的同时，还要重点回答寒地气候条件下的城市公共空间组织问题；华南理工大学地处广州，具有典型的亚热带季风气候和岭南文化特征，所在珠三角地区经济发达，2016年以“广州新中轴南段城市更新”的选题，更是为存量环境下的国际化大都市城市新中心区建设提出了挑战。

通过立足不同地域特色的设计选题，使得参加联合毕设的师生有机会对所在城市的自然地理气候特征、历史文脉、社会经济发展和城市建设进行深入的了解和认识，学习了在不同地域环境下的规划设计应对方法，极大地开阔了师生的地域视野。

（三）通过多专业联合，拓展了师生的专业视野

UC4联盟首创的城乡规划、建筑学和风景园林多专业联合模式，有效地打破了各专业“画地为牢”的专业局限，拓展了师生的专业视野。囿于大学几年中专业学习的惯性，规划学生长于前期分析而难于落实形体空间，建筑学生缺乏宏观的、城市的视野而醉心于某些小小的建筑“情怀”，风景园林学生则往往片面地强调生态，这些都是在联合毕设中反映得十分突出的问题。最初的联合毕设中，各专业学生甚至指导教师都很难针对某些问题达成共识，方案合作更加谈不上，结果是各专业各行其是。到后来是“貌合神离”，前期形成统一的规划方案后便“分道扬镳”。直到最近两次的联合毕设，三专业已经能够较好地协作并形成方案团队，配合始终，最终完成包含规划、建筑、风景园林三方面设计内容在内的、互相支撑同时又各有侧重的综合成果。

多专业协作的联合毕设过程，就是从最初的“吵架”到相互理解、相互学习，再到后来的通力合作的过程，通过这一过程各专业学生都对其他专业有了更加深刻的了解和认识，具备了一定的专业协作能力。在此过程中，指导教师往往也受益匪浅。

（四）加强了广泛的教学交流，促进了建筑学院课程设计教学改革

在进行联合毕设的同时，各校之间也进行了更加广泛的教学交流座谈活动。在最初与重庆大学的联合毕设交流中，惊讶地发现重庆大学学生在汇报答辩时常常表现出良好的语言表达、逻辑性和时间控制能力。通过进一步的交流，了解到重庆大学在本科教学的课程设计中广泛采用了“挂牌制”和“答辩制”，即从低年级的课程设计开始就采用任课教师各自制定题目并挂牌、学生报名并双向选择的机制，课程设计的中期和结课环节都引入非任课教师的答辩制度，这两项措施对于提高教师的教学水平和学生的汇报答辩能力提供了良好的制度保证。在借鉴重庆大学成功经验的基础上，建筑学院在全院范围内广泛推广了课程设计的结课答辩制度，并在四年级的城市设计课程中首先引入了挂牌机制，进而在条件成熟的课程中逐渐推广，目前这些教学改革措施都取得了良好的教学效果，结课答辩环节受到师生的广泛好评，学生的汇报答辩能力也有了显著提高。

四、联合毕设的未来发展与思考

目前，建筑学院的多个联合毕设已形成了相对稳定的教学组织和相对成熟的教学模式，未来各联合毕设立足自身的地域特点、资源优势和创设目标，逐步形成相对鲜明的教学特色，应该是联合毕设的发展方向。

当然，联合毕设在取得良好教学效果的同时，也不可避免地存在一些问题，有待今后进一步调整改善。主要问题包括：

其一，多专业联合毕设存在专业协作难的问题。学生之间的专业协作困难是5年来UC4联合毕设教学实践中感受最为突出的问题。以西建大2014年联合毕设为例，虽然采取了学生前期混合分组、中期各环节三专业集中汇报交流等方式，但仍然出现了前期建筑、风景园林专业参与度低，中期建筑和风景园林专业进度滞后、个人设计任务迟迟难以明确、规划专业则形体空间设计推进困难，以及后期各专业无暇协作、分道扬镳的尴尬局面。2015和2016年，专业联合程度虽然有所加强，各专业的成果能够进一步相互支撑，但总体协作仍然不尽理想。究其原因，各专业由于视野和能力所限，以及各自专业的毕业设计成果和进度要求不同，造成相互“等、靠、要”的现象比较普遍。为此，下一步我们将探索新的教学组织方式，尝试以方案为核心，将各专业教师和学生进行混合分组，形成方案团队，力求从教与学两方面都达到更好的专业协作效果。

其二，联合毕设对正常的校内毕业设计教学造成一定冲击。由于联合毕设的吸引力和竞争性，成绩好的学生往往踊跃报名，指导教师也倾向于在报名的学生中择优选拔以保证联合毕设的成果质量；加之多个联合毕设覆盖的学生范围较大，近两年规划专业参加联合毕设的学生占到毕业生总数的三分之二，表现出参加校内毕业设计的学生能力普遍较弱、毕业设计成果相对较差的局面，承担校内毕业设计的指导教师对此也颇有微词。针对这一情况，规划系拟采取相应措施以保证校内毕业设计教学活动的正常开展，具体包括：适当控制参加联合毕设的学生总人数规模，平衡联合毕设和校内毕业设计的学生质量，同时提高校内毕业设计的选题质量以吸引优秀学生报名，鼓励校内毕设积极借鉴联合毕设的教学经验进行专业联合等。

总的来说，建筑学院5年来的联合毕设教学实践活动取得了良好的教学效果，明显提高了毕业设计的教学质量，极大地促进了本科教学改革的发展。与此同时，这一成功的教学实践方法也在全国范围内产生了积极的影响，联合毕设的方式也被更多的建筑类院校所效仿。

（基金项目：2014年度西安建筑科技大学教育教学改革研究重点项目“四校城乡规划／建筑学／风景园林三专业毕业设计联合教学探索”，项目编号JG011310）

作者：尤涛，西安建筑科技大学建筑学院城乡规划系 副教授，硕士生导师；邸玮，西安建筑科技大学建筑学院城乡规划系讲师

文化传承·宁匠毋华

——佟裕哲先生与西建大风景园林教育

刘晖　李莉华

Mr TONG Yuzhe for the Establishment and Development of Landscape Architecture Education in Xi'an University of Architecture and Technology

■摘要：西安建筑科技大学风景园林学科专业的建立和发展，秉持着尊师与传承的大学教育精神。佟裕哲先生近60年的治学和教育追求，以对中国传统历史文化的“竟其绪、议其精”的思想，创建了中国地景文化理论，树立了西部园林学术地位，执着坚守“宁匠毋华”的治学精神，倡导文化传承，奠定了今日西安建筑科技大学风景园林学科的本源和专业教育的理念。
■关键词：风景园林教育　佟裕哲　中国地景文化　尊师与传承　宁匠毋华
Abstract: Landscape Architecture Education and professional disciplines in Xi′an University of Architecture and Technology was established and developed with respectfully upholding and inheriting the core spirit of university education. Mr Tong Yuzhe, for his nearly 60 years of research and education pursuit, founded Chinese Landscape Culture theory, settled the solid steps of research for Chinese Western Landscape Architecture Study. With the thought of chinese traditional history culture inheriting way of "Search & Research, Develop the Essence", Mr Tong sticked to the spirit of "Craftsmanship Instead of Accoutrement". For his whole life, he advocated the inheritance of Chinese culture, laying the basis and original source of landscape architecture education today.
Key words: Landscape Architecture Education; Mr Tong Yuzhe; Chinese Landscape Culture; Revere the Teachers and Inherit the Heritage; Craftsmanship Instead of Accoutrement

西安建筑科技大学（简称“西建大”）风景园林学科专业的建立，是由佟裕哲先生一生锲而不舍的治学和教育追求奠基而成。先生1956年从东北大学迁至西安，是创建西建大建筑系的第一批教师，直至2014年7月去世，在西部从教近60年。伴随时代的变迁，全球化背景下文化特征的回归，社会发展迸发了对风景园林学科和专业教育的强烈需求，先生十分敏感于此，在2010年85岁高龄时，整理其学术思想并创立了中国地景文化理论，树立了西部园林的学术地位，执着坚守“宁匠毋华”的精神，倡导中国文化的传承。

1. 教育的尊师与传承

佟先生一生倡导中国文化的传承，他的遗言首句便是"人生的最终使命，仍是为人类传递文化"，这是他一生作为学者、师者的感悟。

先生1925年出生于辽宁抚顺，1946～1951年在东北大学梁思成先生创建的建筑学专业学习，他在简历中写道："师从郭毓麟、刘志平、林宣、赵冬日教授，师承刘鸿典、彭埜教授。"熟悉他的人也会经常听他教育年轻学生要"尊师"，先生说的不仅是要懂礼貌，更是传承老师们的思想和精神。有时候他会说他的老师是梁思成先生，很多人不明白会暗暗地笑话他，其实是他追从梁先生的治学思想，"拜"梁先生为师。先生1956年来西安教书，受梁思成先生中国古代建筑文化研究精神的影响和启迪，开始考察陕西汉唐时期人工建设遗址并绘制图纸，不断挖掘中华传统文化。听佟先生说他与梁思成先生的两次会面，一次是在东北大学求学期间，代表同学们专程到清华请梁先生和林先生给他们开"中国建筑史"课程，梁先生推荐了中国建筑史专家刘志平先生去上课；还有一次是工作后有一次出差路过北京，去清华拜访梁先生，正好是北京建设"十大建筑"期间，梁先生当时还征求他的意见，平易近人，令他感动，并在那时结识了吴良镛先生。佟先生多次提起这些事，并且认为我们学校建筑学教育由梁思成先生最初创建，就应该遵循其思想和精神，挖掘和传承中国传统文化。自2008年招收第一届景观学专业学生，一直到2013年生前的最后一次招生，每年9月的新生专业介绍，佟先生都亲临会场，不厌其烦、孜孜不倦地教导学生"尊师"爱校。记得先生每天在校园中慢慢行走，时时述说本土历史上宇文恺、阎立德等"规划师"、"建筑师"和他们的故事，述说学校地处唐代的亲仁坊、柳宗元写"梓人传"的地方，不断拉近我们和历史的距离。佟先生用他一生的学术追求和行动，告诉我们尊师的道理，在今天的教育与研究工作中，越发理解其深刻的意义。

2. 西部园林的挖掘与整理

佟先生在2013年5月举行的"《中国地景文化史纲图说》首发式暨学术研讨会"上谈本书的编后感时说，"中国的历史理论发掘上仍留有空白"。他引用清末学者严复的话，"顾吾古人之所得，往往先之"，鼓励后辈学人"古人发其端，而后人应能竟其绪；古人拟其大，而后人应能议其精"（改自严复之语）。今天东西方文化交流频繁，忙于学习消化西方文化，而中国学科思想文化的发掘与整理工作还很不足，实际上空白很多，希望与后辈学人共勉。

佟先生在学校任教的同时，不断开展研究活动，其学术思想的发展，是从唐风园林建筑艺术走向中国地景文化思想，经历了三个阶段。从1960到1980年代，他开始注意陕西地方景园建筑风格的考察，测绘尚存景园建筑遗址，收集历史文献著作。1983年于《建筑学报》发表"中国园林地方风格考"一文。1990年代，佟先生开展大量而深入的考察测绘工作，发现关中地区汉唐以来景园实例类型丰富，具有一定的理论思想体系，且有传统文脉的连续性。1994年整理考察测绘案例，梳理汉唐景园思想体系，撰写出版《中国传统景园建筑设计理论》。1998年以"中国西部园林建筑"为主题，先后获准国家自然科学基金的两次资助，沿丝绸之路对西部地区景园建筑进行了系统的考察和研究，1998年整理出版《陕西古代景园建筑》和《新疆自然景观与苑园》，并于2001年由中国建筑工业出版社出版《中国景园建筑图解》。

佟先生多年专注汉唐园林风格的设计实践研究，特别是依据唐杨惠之"粉墙为底，以石为绘"的唐代组石造景的理念，探索"终南山石组石造景"从选石、设计与施工的步骤方法，提出"横纹立砌"造景方法，并完成西安宾馆"唐壁山水"、华清池风景区"山水唐音"等组石造景作品。在考证研究汉唐时期风景营建特征的基础上，参与和主持一系列规划设计实践项目，例如陕西省大荔县公园设计（1983）、西安北院门规划（1984）、西安南大街环境景观规划（1986）、沈阳抚顺萨尔浒风景区规划（1987）、唐乾陵陵园保护规划（1990）、唐玉华宫苑保护规划（1993）、海口市人民公园规划设计（1993），以及2010年担任国家5A景区华清池规划的顾问。

2000年以来，不断凝练景园建筑的理论思想和体系。期间受吴良镛先生人居环境科学思想的影响，开展对地景学理论思想的探讨，提炼西部园林的思想内涵，并于2003年《中国园林》发表"中国地景建筑理论——美学与数学、哲学的融合"一文，提出"中国地景建筑理论起源于西部秦朝时代（公元前350年），到隋唐时期（公元700年左右）已形成系统理论。地景学主要是研究人工工程建设中（城市、建筑、园林）如何去结合自然，因借自然（山、水、林木草地构成的生态与景观以及气候因素等）。中国地景建筑理论有两大特征：一是天人合一观，景观、生态与人文相和谐；二是景观设计美学与数学、哲学相融合"。近10年来，随着风景园林学科发展，探索和挖掘中国地景建筑产生的文化原因凸显得非常迫切。古人对自然环境的认知，从视觉感知、语言绘画表达、专门语汇诞生，到思想观念的形成，最后实现于各种人类的营建工程，是我国风景园林文化形成的过程，凝聚着东方哲思与营建智慧。佟先生从地景文化角度，再次梳理中国传统地景建筑理论的形成及其历史演变，捕捉古人认知自然环境形成风景美学的思想内涵，勾勒出中国传统风景园林文化的思想发展脉络，于2013年9月88岁高龄撰写出版了《中国地景文化史纲图说》。

吴良镛先生在《中国地景文化史纲图说》一书中的序言中写道："佟裕哲教授扎根于西部50多年，对周、秦、汉、唐遗留下的景园遗迹进行挖掘、整理，总结其类型和基本理论体系，让人们在了解江南园林、北方园林和岭南园林的同时，认识到西部园林的价值。"

3. 治学的守拙精神

佟先生总是强调梁思成先生的"守拙"和锲而不舍的精神，教导年轻教师和学生要"宁匠毋华"。先生写字做事从来都是一笔一画，一丝不苟，有头有尾，标点符号清清楚楚；绘图和文稿修改，亲力亲为；各种文字成稿，请人输入电脑打印，再手写修改，用剪刀、胶水，粘粘补补，字字推敲，从不含糊。"守拙"的另一层意思，是一种追求真实和事实的研究态度，他在《中国地景文化史纲图说》的"自序"中提到："实例考证、现场测绘以及查阅文献、梳理史料花费的时间较长，这是胡适治史观（'有一分证据，只说一分话。有三分据证说三分话，治史者可以做大胆的假设，然而绝不可做无证据的概论也'）对著者的约束。"有一说一，不怕被笑话，扎扎实实，严谨而有根据，不做"虚头巴脑"的事儿，历来是佟先生的风格。

佟先生倡导治学应著书立说。先生从1978年代改革开放末期一直到2013年，就开始不断梳理其学术工作和治学观点，认真总结，并发表文章和著作，今天可以从先生的研究成果看到其学术思想的不断演变，令年轻学人很是受教。另外，佟先生研究历史理论喜欢用图说话，不仅仅是设计方案和测绘图纸，还包括历史人物头像、理论框架、历史脉络，都用图示语言表达，所有的图纸均出自手绘、上颜色，用电脑打印文字，贴于图上，"纯手工制作"，坚持"图说比文字表达更为确切并易使读者接受"。

4. 文化的传播与传授

佟先生不断传播中国地景文化思想。1988年和1993 年先后两次赴香港大学建筑系讲学，讲学题目——中国风景园林理论；2000年赴美国佛罗里达州迈阿密大学建筑系讲学。2009年起开设"中国地景建筑理论"研究生课程。先生一直希望能够将中国地景文化的历史与思想，向世界宣传。2012年，协助青年教师为中挪联合教学开设"Outline History of Chinese Landscape Culture"英语课程。1985年创立"西安唐风园林建筑艺术研究会"，同年在西安冶金建筑学院建筑系（今西安建筑科技大学建筑学院）设立"景园教研室"，建设了以研究西部景园建筑为方向的教学和研究团队，培养了大量的本科生、研究生，为风景园林学科专业的建立和发展奠定了师资基础。

5. 结语

西安建筑科技大学风景园林专业教育自2003年专门化教学开始，经历了10多年的发展。今天在面对西方学科思想的不断涌进，教学改革，科研创新不断挑战，更需要思考学科和教育的本源，培养具有传统文化知识和价值观审辨能力的莘莘学子。正如冯纪忠倡导的"与古为新"思想，钱穆先生提倡的中国传统学术研究的精神，佟裕哲先生编著出版的《中国地景文化史纲图说》，适逢风景园林学科独立发展的起步阶段，延续和发展本土文化的内涵，建立学科的理论知识基础，实为迫切。"理论与历史研究的目的，是观察它作用于现实的门径，柳暗花明却又殊途同归。"

尊师而传承之精华，面对现实求思辨，才有创新之本源。对于大学而言，其意义至深至远：挖掘整理是基本，研读古人经典，考察测绘现存，是传承文化的必经之路；研究更需要"宁匠毋华"的治学精神境界，"守拙"是坚持做事最好的方法，心怀至远，脚踏实地。

参考文献：

[1] 佟裕哲，刘晖．中国地景文化史纲图说[M]．北京：中国建筑工业出版社，2013.

[2] 杨锐．风景园林学的机遇与挑战[J]．中国园林，2011(5)：19.

[3] 冯纪忠．意境与空间：论规划与设计[M]．北京：东方出版社，2010：47.

[4] 钱穆．中国文化史导论（钱穆先生全集[新校本]）[M]．北京：九州出版社，2011：3，17.

[5] 刘晖，佟裕哲，王力．中国地景文化思想及其现实意义之探索[J]．中国园林，2014(6).

作者：刘晖，西安建筑科技大学建筑学院 教授，博导，风景园林系主任；李莉华，西安建筑科技大学建筑学院 讲师，风景园林专业在读博士

重构与转换

——转型期风景园林设计基础教育的思考

董芦笛　金云

Reconstruction and Transformation ——Reflection on the Primary Education of Landscape Architecture Design in Discipline Transition

■摘要：西安建筑科技大学风景园林专业设计基础课程自 2013 年开始教学改革实践，基于面向未来的学科型人才培养目标，对教学框架和教学模式进行了重构和转换，建立“城市与园林”和“自然与风景”两个知识阶段，“秋－冬－春－夏”四个认知模块和五种基本训练单元的课程体系。

■关键词：风景园林教育　设计基础　学科　知识体系　设计方法

Abstract：The Landscape Architecture basic course of Xi′an University of Architecture and Technology began to be practiced teaching reform from year of 2013，which reconstructed and transformed the teaching framework and teaching model，and set up new course system，included established two knowledge stages，including "City and Garden"，and "Natural and Scenery"，four cognitive modules，which is "Autumn，Winter，Spring，Summer"，and five basis training units．That based on discipline type personnel training objectives to facing Future．

Key words：Landscape Architecture Education；Design Basic；Discipline；Knowledge System；Design Methodology

风景园林设计基础作为专业教学的启蒙课程，是学生专业学习初始化的过程，综合体现了大学阶段专业人才培养目标、理念和方法。西安建筑科技大学（以下简称“西建大”）“风景园林设计基础”课程自 2014 年开始教学改革实践。基于风景园林学科面临的挑战和机遇，对风景园林专业如何面向未来培养人才的思考，提出“以知识结构为主体，以认知过程为主导，以设计思维为目标”。基础教学课程结合 2013 版《高等学校风景园林本科指导性专业规范》[1]（以下简称《规范》），对原有以“建筑设计基础”为蓝本的教学框架和教学模式，进行了重构和转换，旨在帮助学生初步建立多学科知识体系基础，初步认识风景园林空间设计与人和自然生命之间的过程关系，建立风景园林的“空间－时间”思维，了解户外生活环境的基本需求，初步掌握场地空间的景观调研测量方法，学习分析表达的基本专业技能，通过体验、观察记录、测量、绘图、模拟等途径，系统奠定学科知识、专业技能和设计思维的学习基础。

一、风景园林专业基础教育的转型

西建大的风景园林专业自2008年招生，课程体系的建构是在选择相关的建筑学低年级设计课程和城市规划专业高年级规划设计课程的基础上，增加风景园林的必要内容整合形成，有效地解决了办学之初的课程建设和教师队伍问题。几年的办学实践显示出其他两个专业的教学内容过多，本专业的理论和方法教学深度不足，专业差异特点不明确等状况。风景园林专业成为一级学科后，专业教育面临转型，需要从学科角度培养面向未来的专业人才。2013版《规范》出台后，结合《规范》对相关设计课程进行了内容调整，增加了生态学相关的知识和方法教学，建设了东楼雨水花园教学基地[2]，创造体验观察和认知实践的条件，取得了一定成效，但并没有根本解决知识结构和专业方法的问题。

风景园林学专业教育要体现出与建筑学和城乡规划学的专业差异，需要在学科层面从研究对象、核心任务、研究方法、研究尺度和学科范畴等方面[1]，对专业核心主干课程"风景园林规划设计"进行设计内容和方法的结构性调整，才能有效实现三个专业的互补和学科融合。风景园林设计基础课程的重构与转换是结构性调整的基础。

原有的设计基础教学是以技能训练为主体，通过授课和反复的绘图及模型作业训练，从掌握基本表现方法开始，学习形态构成基础和小建筑测绘，到动手进行简单的小设计，通过各类作业接触一些设计的基本知识和理论，为以后的设计课程做好准备[3]。

设计基础课程的转型调整，体现在四个方面：(1) 教学的内容主体由技能训练转型为学科基础知识，建立学科的知识结构框架，强化知识是设计的支撑；(2) 学习对象由基本的表现方法和设计方法转型为设计对象的认知，通过体验认知的方式，了解风景园林空间类型，包括传统园林、城市公共空间、居住区和校园环境、公园、湿地等，强化不同的设计对象需要解决不同的设计问题；(3) 学习方法由反复的绘图表达训练转型为通过体验和实践的景观认知过程训练，将风景园林空间和时间的变化组合转化成为个人的体验认知，强化自然力量是风景园林美学的源泉；(4) 培养目标由为进入设计课程的准备，转型为设计思维形成的培养，强化设计思维是探索创新设计的途径，为未来成为设计研究型人才和进一步的专业深造做准备。

二、人才培养面向未来的思考

（一）面向城市发展和自然恢复

当前中国城市的发展进入了转型期，快速城市化发展使城市人口高度集聚，城市空间形态高密度化演变，割裂了自然生态过程的连续性，影响了城市的整体气候状况[4]。快速的覆盖式建设，使城市空间失去结合自然的美学特征和宜人的艺术尺度。城市建设对自然资源的需求强度使城市郊野的自然系统被人为地建设性破坏，亟待恢复。而城市建设高速增长超过了城市人口的增长速度，城市发展已迅速步入了改造性建设阶段。

如何通过风景园林的建设途径，重构城市自然生态过程，改善城市气候状况，满足户外生活空间的品质需求，恢复郊野自然生态环境，建设诗意的人文环境等，风景园林学科面临挑战。如何进行专业设计领域的拓展，从造园到整体城市生活环境的改善，从城市绿地到自然生态系统的城市融合，从风景名胜的保护到地域风景文化重塑，从保护鸟类栖息到人鸟共栖的环境建设，给城市化进程中的风景园林学科发展带来了新的机遇。

如何通过风景园林规划设计，将自然的力量带回城市空间，将自然的美丽带回城市生活，将自然的生机带回人的生命，这是未来城市发展的需要，也是风景园林学科面向未来的命题。面向未来的风景园林学科人才培养需要面向城市发展和自然恢复。

设计基础课程需要建立对城市空间和自然过程的认知，有助于学生建立多学科融合的思维，更早地进入对城市问题和自然问题的思考，探索风景园林规划设计的解决途径。为了有效地建立知识结构框架，将风景园林空间设计营造、景观生态和美学的基础知识划分为"城市与园林"、"自然与风景"两个部分进行教学。

（二）面向风景园林的时间维度

风景园林的空间和自然要素具有时间性，并随时间而演变。建立风景园林时间观，把握时间尺度的自然演变规律，培养学生的时间思维和想象力，是风景园林规划设计的重要基础[5]。

今天的城市中，自然生命演变和人工建设发展的时间进程总是错位的。人们对荫凉的急切需求，已等不及树的长大。老树截枝移植速成的荫凉，只是短暂而无力的视觉景观，既无助于今天自然力的恢复，也未给后人留下荫凉。这样的设计方式是面对当下需求，对城市的空间和视觉的快速建设填充。自然力量的恢复不仅需要空间，而且需要时间。面向未来的风景园林规划设计要契合自然演替中的不同时间序列和周期尺度。

面向未来的风景园林学科人才培养，需要具备跨越时间尺度的设计思维能力，能够探究空间具有活力的生成原因，寻找时间作用于空间变化的轨迹，通过规划设计给城市空间赋予时间变化中多彩的风景，给今人和后人留下荫凉的舒适和风景中的生活记忆。这不再是单纯有手艺的设计师，而是热爱自然生命，有学问、有时间和空间想象力，能够预想未来的风景园林设计师。

设计基础课程需要建立对风景园林时间变化规律的体验认知过程，将设计基础课程的教学单元按学年的季节时间序列组织，形成“秋－冬－春－夏”四个认知模块，有助于帮助学生建立风景园林的“空间－时间”认知思维，进一步提高对自然力的认知和思辨能力，以及对自然美和活力的感悟及创造能力。

（三）面向未来现实的研究探索

一直以来，在快速城市化进程中，快速建设的需求将城市空间作为一种物质“容器”，通过设计在功能、美学和工程的原则下，将风景园林的物质要素进行优化组合并填充进“容器”，迅速实现不同的功用和视觉效果。应对这样的设计人才市场需求，大学的设计课程教学逐渐形成模拟现实设计实践的教学训练，目标是毕业就能“干活”，训练学生各类设计手法和表现技艺；设计基础课程的目标是训练绘图和表现的基本技能，掌握基本的设计要素知识，以满足在设计课程中能够熟练运用的需求。大学能够短期快速培养有熟练手艺的风景园林设计师，为市场输送大量能够应对快速建设的设计人才，形成了面向眼前的“职业型”设计人才培养方式。

面向未来现实的需要，设计人才不再仅仅是需要快速完成几个广场和公园的设计任务，而是更多地要探索如何保护、营造人与自然和谐共处的环境问题。大学向研究性转型的过程，也是人才培养方式转型的过程。需要给面向未来的设计师建立足够的基础知识、社会责任感和价值判断能力，具备进入社会后的不断学习能力，应对问题的思考和创新能力，对于自然美和活力的热爱追求，建立面向未来的“学科型”设计人才培养模式。

设计基础课程需要加强认知过程训练，将认知过程和方法整合划分为五种综合训练单元——“场地调研”、“景观测绘”、“场景场所”、“认知分析”和“设计构思”，促使学生设计思维的形成。

三、教学框架和模式

（一）教学框架——两个知识阶段，四个认知模块

风景园林设计基础课程设置在五年制本科的第一学年，总学时224课时。教学框架组织将一年级的第一学期和第二学期，按知识内容的构成划分为“城市与园林”和“自然与风景”两个知识阶段。依据自然过程变化规律，人的行为和风景变化特征的季节差异，按季节时序划分为“秋－冬－春－夏”四个认知模块。以风景园林空间认知和设计思维为目标导向，以知识结构和方法技能为学习内容，建立五种综合训练单元，在每个模块中循环递进。结合认知的自然时序，将知识拓展、技能反复和思维形成的训练，与不同的认知对象进行组合，引导从直观的视觉表象到潜在基本规律的探索，形成各单元的教学训练目标。

第一学期“城市与园林”阶段（表1），包含“秋季认知模块”和“冬季认知模块”；第二学期“自然与风景”阶段（表2），包含“春季认知模块”和“夏季认知模块”。

（1）秋季模块：秋景感性认知——秋雨、彩叶、人行；空间理性认知——城市印象、传统园林、雨中即景。城市印象是场地调研单元，在西安城市中选择线路调研城市空间类型，认知广场、街道、公园等空间类型，完成空间认知笔记；传统园林是景观测绘训练单元，选择华清池中的传统园林为对象，认知传统园林构成要素，完成传统园林测量和抄绘，学习园林制图；雨中即景是场景场所空间认知单元，在西建大校园环境中认知秋景的构成要素，完成行为观察笔记。

（2）冬季模块：冬景感性认知——冬雪、枯山、沐阳；空间理性认知——建筑测绘、阳光与人、城市空间尺度、植物形态－休憩空间。建筑测绘是景观测绘单元，完成西建大校园小建筑测绘，学习建筑构成要素和建筑制图；阳光与人是场景场所空间认知单元，在城市公园中认知冬景的构成要素，完成行为观察笔记；城市空间尺度是认知分析单元，学习人体尺度，进行城市街区－西建大校园－东楼雨水花园的空间多尺度分析测量分析。植物形态－休憩空间是设计构思单元，学习植物枯叶形态到空间形态的转化，学习校园休憩空间设计，完成设计构思的表达绘图。

（3）春季模块：春景感性认知——春花、流水、踏青；空间理性认知——湿地穿越、自然过程、湿地栖息。春季模块在教学实验基地“西安浐灞国家湿地公园”进行。湿地穿越是场地调研单元，认知城市湿地和自然空间类型，完成空间认知笔记；自然过程是认知分析单元，对自然场地的风、光、水系统自然过程分析，进行多尺度模型模拟，学习分析表达绘图；湿地栖息是场景场所空间认知单元，认知湿地春景的构成要素，完成动植物栖息空间的认知笔记。

（4）夏季模块：夏景感性认知——荷风、林荫、纳凉；空间理性认知——户外游憩、风景空间、驻足风景－情感空间。夏季模块在教学实验基地“西安唐慈恩寺遗址公园”进行。户外游憩是场景

场所空间认知单元，认知公园夏景的构成要素，完成行为观察笔记；风景空间是认知分析单元，学习风景空间的构成和视觉感知分析方法，完成分析表达绘图。驻足风景－情感空间是设计构思单元，学习“空间－时间”的风景感知分析，学习“站点－景面－路径”的视觉分析，学习“情感空间”认知，完成设计构思的表达绘图。

一年级第一学期教学框架 **表 1**

阶段	季节模块	训练单元	中练内容
第一学期 “城市与园林”	秋 秋雨 彩叶 人行	城市穿越 （场地穿越）	城市空间类型 空间认知笔记
		园林测绘 （景观测绘）	传统园林测绘 园林要素测绘 园林制图
		雨中即景 （场景场所）	校园环境 行为观察笔记 秋景感知
	冬 冬雪 枯山 沐阳	建筑测绘 （景观测绘）	校园建筑测绘 建筑构成要素 建筑制图
		阳光与人 （场景场所）	广场环境 行为观察笔记 冬景感知
		城市空间尺度 （认知分析）	人体尺度 空间尺度分析 城市·校园·花园 多尺度空间
		植物形态 ——休憩空间 （设计思维）	形态转化 空间设计

一年级第二学期教学框架 **表 2**

阶段	季节模块	训练单元	中练内容
第二学期 “自然与风景”	春 春花 流水 踏青	湿地穿越 （场地穿越）	自然空间类型 城市湿地 空间认知笔记
		自然过程 （认识分析）	多尺度自然过程分析 风·光·水过程分析 模型模拟 分析表达绘图
		湿地栖息 （场景场所）	自然观察笔记 春景认知 动植物栖息空间
	夏 荷风 林荫 纳凉	户外游憩 （场景场所）	城市公园 校园环境 行为观察笔记
		风景空间 （认知分析）	风景感知 风景空间构成 视觉感知分析 分析表达绘图
		驻足风景 ——情感空间 （设计构思）	“空间－时间”分析 风景感知 “情感－场景”空间建构 设计构思表达绘图

（二）教学模式－体验导引

教学模式是以“体验和导引”为核心的综合训练模式，由“知识方法导引”、“现场感知体验”、“实地观测体验”、“认知分析导引”和“设计思维导引”五个环节构成。依托不同类型的训练基地，教师通过课堂知识点讲授，带领学生实地体验、导引，通过动态的时间变化和行为，形成学生的场地认知，进而建立景观认知分析的思维。

（三）多学科融合的知识基础

将城乡规划学、建筑学、风景园林学、生态学等多学科的相关知识基础和方法关联整合，形成风景园林空间设计的三类主要知识基础——空间－行为－自然过程。梳理其脉络，形成：(1) 关于空间类知识，包括城市空间、建筑空间、园林空间、风景空间、自然空间的类型、要素构成、空间形态、尺度、秩序等；(2) 关于"人的行为感知"类知识，包括功能行为、游憩行为、感知行为、情感行为等；(3) 关于"自然过程"类知识，包括风、光、水的空间自然过程及影响，季候风景的变化，以及动植物群落的栖息等。

将技能方法整合形成四类：(1) 认知笔记，包括对自然、要素、空间、行为、风景等现象观察注记的方法；(2) 景观测绘，包括园林、建筑、场地、自然环境的基本测量绘图方法；(3) 设计制图，包括工程制图、设计制图、分析制图的基本方法；(4) 模型模拟，包括场地模型制作和风、光、水动态模拟的基本方法。

通过体验、动手、思考、反复地训练方式，拓展知识的视野，建立初步的多学科知识结构，引导学生建立寻找知识的能力，以及不断学习和反思的能力。

（四）设计思维训练

设计思维的形成，需要建立空间思维、时间思维、自然思维、美学思维和情感思维，需要拥有社会责任感和价值判断能力，通过理性与感性交织，逐步形成设计思维。

在单元训练中，针对对象的认知，设定了基本逻辑步骤：(1) 情感评价；(2) 空间构成；(3) 时间变化；(4) 生成原因；(5) 空间秩序；(6) 自然过程；(7) 认知表达；(8) 场景想象。通过这样的思考过程，帮助学生逐步建立客观认知思维，激发学生自我的情感认知思维。

四、结语

风景园林设计基础课程教学的学科型转变，其任务是艰巨的。教学框架重构的关键是教学方法的更新和摸索，知识体系的多学科转换需要教师的不断学习和知识拓展。设计基础课程的教学改革尝试，对于教师是一种自身挑战，而对于学生的感受却是一种自然而然的专业自豪感，突出了专业特色，激发了学习的热情，奠定了面向未来的专业学习基础。一年半的实践过程验证了特色化教学改革的思路，反馈了教学的重点、难点问题，为风景园林规划设计课程的结构性调整奠定了基础。

（基金项目：2014 西安建筑科技大学教改重点项目"自然－空间－艺术"三元一体的风景园林设计基础课程体系建构）

注释：

[1] 高等学校风景园林学科专业指导委员会编制．高等学校风景园林本科指导性专业规范（2013 年版）[S]. 北京：中国建筑工业出版社，2013.

[2] 刘晖，李莉华，董芦笛，杨建辉．生境花园：风景园林设计基础中的实践教学 [J]. 中国园林，2015 (05)：12–16.

[3] 田学哲，郭逊主编．建筑初步（3 版）[M]. 北京：中国建筑工业出版社，2013.

[4] 丁沃沃．过渡与转换——对转型期建筑教育知识体系的思考 [J]. 建筑学报，2015(05)：1–4.

[5] 刘滨谊．风景园林的时间思维及其教育培养 [J]. 中国园林，2015(05)：5–7.

作者：董芦笛，西安建筑科技大学建筑学院风景园林系　副教授，硕士生导师；金云，西安建筑科技大学建筑学院风景园林系讲师

“风景园林工程与技术”课程标准化教学模式探讨

杨建辉　吕琳　樊亚妮　陈磊

Research on Standard Teaching Mode in Landscape Engineering and Technology Education

■摘要：不同学科背景的高校在面对多学科交融的本科教学要求时，面临各自的困难与挑战，需从自身特点出发，探索适合各校特点的有效教学模式。以课程为核心建立基于案例式教学的标准化教学模式，是一种可行的尝试。研究以“风景园林工程与技术”及“公园设计”两门课程为例，归纳公园设计课不同教学阶段所面临的工程技术问题，作为工程与技术课程制定教学目标的基础，在系统归纳本课程知识点的基础上总结上述技术问题的多途径解决方案，建立相应的类型化工程案例库，实现“风景园林工程与技术”课程的标准化和案例式教学。此教学模式将工程技术这类纯基础理论课与设计课紧密结合起来，实现了课程间的有效融合以及学生工程实践能力的提高。

■关键词：风景园林教育　风景园林工程与技术　课程融合　标准化教学　案例式教学

Abstract: In the face of the undergraduate teaching requirements of multi-disciplinary integration, different colleges and universities are facing with different difficulties and challenges, need to start from their own characteristics to explore effective teaching mode that is adaptable to the characters of each university. Taking the curriculum as the core to establish the standard teaching mode based on case teaching is a feasible attempt. This research taking the courses of landscape technology and park design as examples, sum up the problems of engineering and technology which different stages of park design course faces, to be the bases of making the teaching goal of landscape technology course, on the bases of systematically summarizing this course knowledge points, summarize multiple way solutions of those technical problems, establish corresponding engineering case base of different types, realize standard and case-based teaching in landscape technology course. This kind of teaching mode make the pure basic theory course integrated with the design course, realize the effective integration among different courses as well as improve the students' ability of engineering practice.

Key words: Landscape Architecture Education; Landscape Engineering and Technology; Curriculum Integration; Standard Teaching; Case Teaching

1.引言

风景园林专业在我国历经60多年的发展，其间分为以北林为代表的林业类院校和以同济为代表的建筑类院校两大主流办学方向。到2012年教育部统一设立风景园林本科专业，2013年高等学校风景园林学科专业指导委员会制定《高等学校风景园林本科指导性专业规范》，具有林业、建筑以及艺术背景的相关院校才统一了风景园林专业的培养目标和核心专业课程。不同背景的学校在依托自身特长办学时体现出了各自的特色和优势，面对统一的办学规范和教学目标，同时也暴露了一些短板和不足。如何结合自身的特点和优势，通过合理的教学改革和教学模式的探索来弥补不足，是本文探讨的主要问题。

2.多学科背景下的风景园林本科教学

今天的风景园林已经大大超出了传统园林专业的内涵，专业实践从单纯的城市园林及绿化建设扩展到了城市与乡村景观、风景名胜区、旅游度假地、高速公路景观、国土及自然景观保护、生态恢复、自然环境治理等广泛的领域，本科专业培养目标则相应地增加了自然科学（生态学）[1]和环境科学等众多学科的知识和内容。风景园林学已经成为名副其实的多学交融的典范，学科背景除了核心的人居空间环境外，涉及自然地理、景观生态、水文学、气候学、环境工程、生物学、哲学、社会学、文学、美学与艺术、环境行为与心理等众多自然和人文学科[2]。较高的培养目标以及多学科背景融合的本科专业知识体系给新成立的风景园林专业和基于建筑、林学、艺术三类学科背景院校的教学形成了巨大的挑战，主要体现在三个方面：

第一，学科范畴和实践领域的扩展使师资力量严重不足。传统的建筑、林学及艺术类院校都有各自的优势方向和特长师资，当三类院校的风景园林专业被统一界定之后，面对综合和扩展的学科范畴及教学目标，各自都存在相应的师资力量的不足的特点。

第二，对于引入的其他学科的知识，教与学的深度标准较难把握。大量外来学科知识的融入，使教师对新知识在教与学过程中深度的把握出现较大的困难，教师只能根据自己的理解来判断和实施，目前还未有统一的教学标准，但对于一个逐步走向成熟的专业来说，多学科融合后形成的本专业的知识体系和内容显然是需要进一步明确的。

第三，在有限的学时内面对众多的知识点，教师需要探寻高效和可复制的教学方法或模式。四年或者五年的本科教学周期，没有一套高效以及易于推广和复制的教学方法或模式，要实现上述众多学科相关知识的融合教学和本专业核心能力的培养这一目标显然是极其困难的。

3.标准化教学模式在风景园林本科阶段的应用

面对上述本科教学的挑战，研究和采用标准化教学模式不失为一种解决问题的思路。《辞海》（第6版）对标准化的定义是："指制定和贯彻标准以统一产品、零部件、工艺、图纸、代号、技术要求为主要内容的有组织的活动过程。主要表现为通用化、统一化等形式。"作为一种智力生产活动，高等教育的教学质量管理同样也可以借鉴标准化的管理思想，即建立量化、细化的教学监督评价体系，通过对教学过程中各个环节和过程的质量控制来保证教学质量[3]。具体到标准化教学，则应分为课程体系的标准化、教学手段的标准化以及教学管理的标准化三个方面。

3.1 课程体系的标准化

课程体系的标准化需要各个办学高校根据自身的特点来制定，但基本前提是符合《高等学校风景园林本科指导性专业规范》（2013版）关于培养目标、培养规格以及专业教学内容的要求，在此基础上，各校可以在保证基本学时和核心课程的前提下有针对性地进行自适应调整。对于师资力量不足的高校，可以结合师资队伍的建设计划来建立阶段性的课程体系，先建立办学规范要求的核心和基础课程体系，然后逐步以增加标准课程模块的方式来完善教学体系。

课程体系的标准化有利于提升风景园林专业人才的整体素质和行业技术水平，缩小不同高校毕业生之间的专业素质差距，也是未来推行执业资格考试的基础。课程体系标准化的核心工作不单纯是课程结构的确定，最关键的是需要根据每门课程制订出标准化的教学知识点和教学要求。只有将课程细化到标准化的知识模块或知识点并提出具体要求的前提下，教师才有可能在教学手段的标准化中有的放矢。

3.2 教学手段的标准化

教学手段的标准化是标准化教学的关键环节，是落实标准化的课程体系和培养要求目标的主要途径。不同门类的学科专业，其教学要求和特点有着很大的区别，对于学生毕业后的能力要求也差异巨大。对于风景园林这样以工程实践能力为主要培养目标的专业而言，虽然也有诸多人文及美学的教学课程和要求，但最终的专业实践对象还是具体的工程项目，所以本专业的标准化教学手段必须适应和满足培养学生工程实践能力的最终目的。风景园林专业的工程实践项目类型多样，范围广泛，涉及从微观场地到宏观流域的不同尺度[4]，实施工程项目的知识储备范围涉及前述众多学科，面对这种现状，建立基于不同项目类型和知识点的各类案例库并推行案例式教学，是一种行之有效的标准化教学手段。

3.3 教学管理的标准化

如果把风景园林专业培养出来的合格毕业生比喻成标准化教学的最终"产品"，那么标准化的课程体系就是"生产"中提供的"原材料"，标准化的教学手段即是高效的"生产工艺"，而标准化的教学管理则为控制生产质量的"软件"。上述三者缺一不可，相辅相成，好的教学体系和目标需要符合"SMART"目标管理原则，即清晰的工作指标（S）、可量化可检测（M）、可实现（A）、现实性（R）和时效性（T）[5]。根据上述原则，各高校可依据自身的教学条件、管理模式，选择在教学环境、教学师资、教学目标、教学过程（又可细分为教学计划、教材、教学大纲、教案、讲义、教学课件、课堂教学、作业与辅导、考试、实验与实训等十个教学环节[6]）等不同的方面，分别制订出各自适应的质量认定标准和一整套质量管理细节，从而实现风景园林教学管理的标准化。

不管是课程体系的标准化还是教学手段和教学管理的标准化，都需要从本校条件出发，选择合适的标准化教学模式。对于风景园林专业教师而言，探索每一门课程的标准化教学手段和教学模式则是推动标准化教学的核心。下文以作者任教的"风景园林工程与技术"课程为例来探讨标准化教学在该课程中的实践模式，以应对教学过程中面临的矛盾与问题。

4. 面向设计课程的"风景园林工程与技术"标准化教学模式

4.1 课程概述

我校风景园林专业是基于建筑学的教学体系发展而来，"风景园林工程与技术"课程在我校风景园林专业课程体系中被定位为专业基础课，不同于农林类院校将其定位为设计课程。我校的该课程具有三个特点：第一，课程学时少而精；第二，以理论课的形式出现，将大量的设计实践环节融合到主干设计课程中，使本课程在理论部分集中授课，而实践训练环节则在中高年级阶段通过骨干设计课的教学环节来控制；第三，在风景园林专业课程中，只有"风景园林工程与技术"以及"种植设计"这两门课程被要求贯穿于所有的中高年级设计课，并对其提出教学要求。

4.2 课程教学存在的问题

因为我校专业培养计划中建筑、规划类课程比重较大，"风景园林工程与技术"课程在设置上存在学时少等三个上文所述特点，这些特点虽然有利于促进专业基础课与设计课程之间的融合与协调，充分发挥基础课的支撑作用，但需要克服教学目标与教学效率之间的困难与矛盾。总结近年来与本课程教学相关的问题，主要有两条：

（1）课程教学未能实现标准化，案例库不够健全，不利于了解学生对知识的实际掌握情况，不利于培养年轻的课程授课教师。目前的课程教学虽然基本覆盖了专业指导规范所要求的核心知识点，但由于课程学时过于精简，没有直接的风景园林工程与技术方面的设计课，课程授课教师只能在仅有的一个设计周内进行辅导并检验学生对本课程知识的掌握程度，其他主干设计课程中虽然明确了工程与技术方面的设计要求，但因为师资的不足而无法真正有效展开。

（2）"风景园林工程与技术"课程的基础性地位还不强，对主干设计课的支撑作用体现不明显。由于具备风景园林工程与技术知识的师资力量较为薄弱，目前未能全面贯彻我校风景园林专业教学体系中将"工程与技术"以及"种植设计"作为两条主线贯穿在主干设计课程中加以明确要求的教学思路，体现在教学成果上则暴露出学生的设计往往无法落地，或者因思路单一而缺少解决具体问题的多样手法和能力等问题。这些问题主要是由于本课程的基础性地位不强，对主干设计课的支撑不明显所致。

4.3 应对策略：建立标准化、案例式教学模式

探索基于案例式教学这一教学手段的标准化教学模式是解决上述问题的主要思路。案例式教学模式的建立有四个环节：第一，针对主要设计课程的教学环节，分析和提炼设计课程中面临的工程技术问题和难点；第二，对"风景园林工程与技术"课程的知识单元、知识模块及知识点进行系统性梳理，结合设计课程的反馈，明确每一知识单元或知识点的教学目标；第三，针对设计课程反馈的难点和重点，选择合适的工程案例，分解各知识单元与模块，将相关知识点融入案例中，最终形成类型多样、知识点覆盖面广、问题针对性强、学生易于理解接受的工程技术教学案例库；第四，通过培训和提高，实现教师授课方式的标准化（图1）。

（1）相关设计课程分析，提炼教学问题。通过梳理主干设计课程中与"风景园林工程与技术"课程相关的设计问题，以问题为导向，结合本课程的知识点，建设针对性的工程案例库，提供解决该类设计问题的标准解决方法。

在主要的设计课教学中，因为学生对工程与技术知识掌握的不足以及实际工程设计经验的缺乏，导致设计成果暴露了很多的问题，这些问题虽然经过辅导老师的解答能够得到一定程度的解决和弥补，但却对指导教师投入的时间、精力以及知识储备提出了很高的要求。如果能总结这些

具体问题，结合工程与技术课程，提供各类工程设计问题的标准解决案例，以供学生和老师参考，则会给学生设计方法以及实践能力的提高带来巨大的帮助。

我校风景园林专业的主干设计课程分为设计基础、建筑设计、园林与景观设计、地景规划与生态修复以及风景园林遗产保护规划五大类型，其中在教学时间和教学内容上最易与"风景园林工程与技术"课程衔接的是园林与景观设计类的"公园设计"课程，因此文中选择以"公园设计"课程教学各环节中所面临的工程技术问题作为"风景园林工程与技术"课程介入的基础。

"公园设计"课在教学过程上可以划分为调研分析、设计概念提出、方案规划、详细设计、图纸表达 5 个环节，学生在每个环节都会面临不同的困难和问题，涉及的知识面也非常广，但和工程技术知识相关的困难和问题却是比较明确的，将它们归纳和提炼出来，可以在工程技术课程教学目标和知识模块梳理以及建立类型化的工程案例库时提供针对性极强的参考。

(2) 知识点模块化，确定教学目标。"风景园林工程与技术"涉及的知识点极其广泛庞杂，如若不加梳理分类和组织而盲目讲授，则教学效果很难保障，学生的理解与接受也将非常有限。基于这种情况，可以将"风景园林工程与技术"课程的知识点划分为场地工程、给排水工程、水景工程、道路与铺装、堆山叠石、种植工程、供电及照明、雨水利用、工程美学、材料与构造、施工图设计、管理与造价等 12 个知识单元模块，每个模块下又可以明确若干重要的知识点作为教学的内容。根据知识点的重要程度以及设计课程的反馈意见，可进一步确定每个知识单元模块的教学目标，同时成为接下来建立类型化教学案例库时的依据。

(3) 建立类型化教学案例库。建立案例库时，对案例的选择必须基于案例需要解决的教学目标，结合知识点教学的具体要求来进行。在梳理知识点及设计课中碰到的工程技术问题的基础上，针

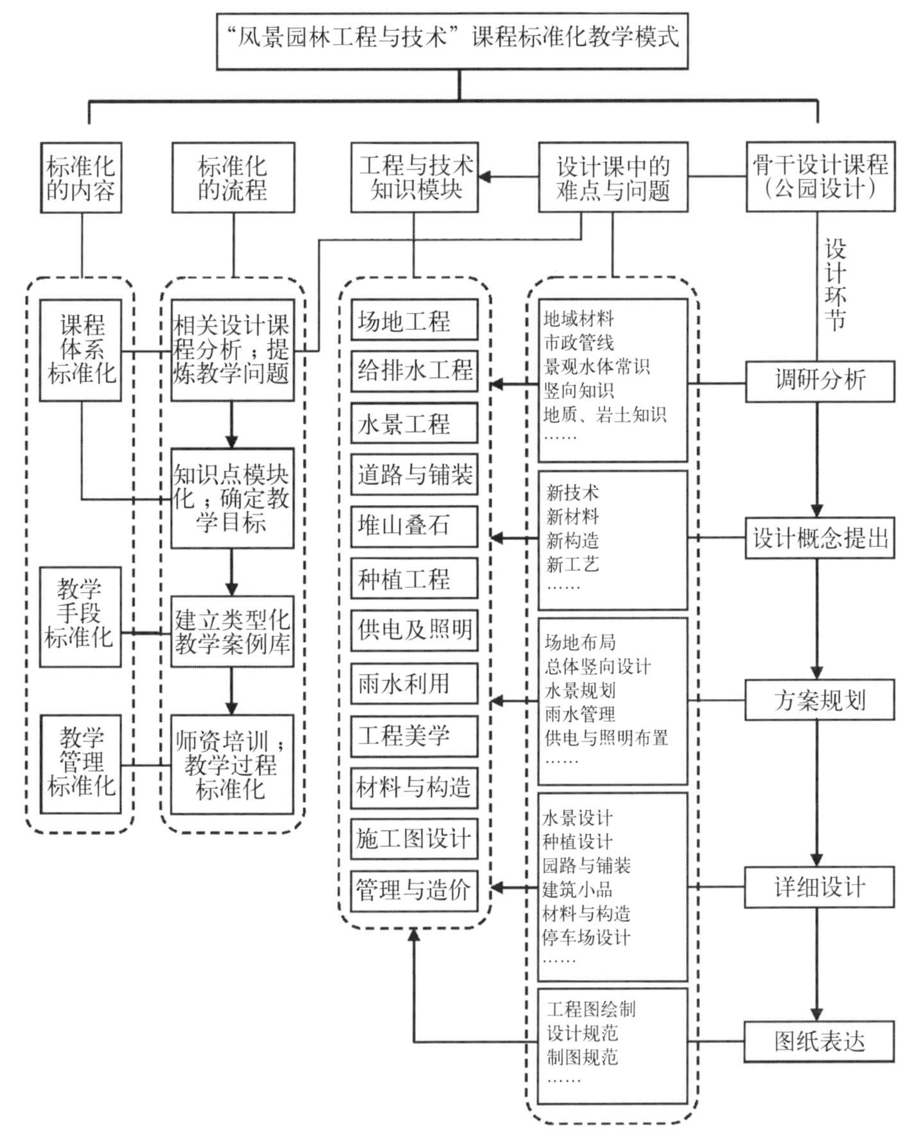

图 1 "风景园林工程与技术"标准化教学模式

对不同类型的知识点及工程技术问题的难易程度，挑选适当的工程案例来辅助教学，工程案例的规模不求大，以体现对应的知识点的合理运用为标准。案例的数量以能够满足"风景园林工程与技术"课程各个知识单元模块的教学需要为基本标准，案例的类型还必须覆盖"公园设计"课程在教学各环节中所碰到的基本工程问题和挑战，使知识点、知识单元和工程技术问题都有对应的工程示范案例以及相应的课后训练案例，促使教学工作逐步实现案例化和标准化。课程案例库健全后，可以以类型化的工程案例为核心将课程知识点及知识模块进一步标准化，使知识点真正有利于学生掌握，有利于相关教师的理解和介入，尤其有利于年轻教师参与本课程教学。

（4）师资培训、教学过程标准化。仅仅完成案例库的建设并不能真正实现教学的标准化，对于教学过程中授课教师的培训还是必须完成的工作。只有授课教师或者新加入的年青教师理解了课程体系的关系、本课程教学的基本要求，掌握了标准化授课的基本技能之后，才能有效实施标准化的教学，不致因教师的变更而出现课程教学质量的较大波动。

5.结语

新生的风景园林学科面临着专业范畴扩大后带来的极大的机遇与挑战，专业实践的扩展对新型综合性专业人才的需求也日益突出，各办学高校在挖掘自身特长的前提下探索有效的专业教学模式是当前的重要课题。上文提出了建立风景园林标准化教学模式的思路，指出标准化教学体现在课程体系的标准化、教学手段的标准化以及教学管理的标准化三个方面，并以"风景园林工程与技术"课的标准化教学探索为例进行了深入的讨论。提出了"风景园林工程与技术"课程标准化建设的思路：以纵向贯穿系列主干设计课并为其提供基础知识的支撑为本课程教学和建设的目标；以学生在主干设计课中面临的工程技术问题和困难为本课程知识点梳理和案例库建设的依据和出发点；以类型化的工程案例库建设并实施案例式教学为手段；以标准化的教学过程管理为支撑，最终实现本课程教学的标准化。

文章限于篇幅在举例讨论具体课程的标准化时仅对该课程的知识体系以及教学手段的标准化进行了较为深入的探讨，对教学管理的标准化未能深入。即使是对课程知识体系以及教学手段的标准化方面，也有进一步研究的较大空间，如：课程的知识体系和知识点划分的标准和依据如何确定？案例的规模和深度如何把握？如何确定标准？每个案例以融汇和体现多少知识点为宜才能便于老师教学和学生接受？凡此种种，皆需深入探讨，实为本文之未逮也。

（基金项目：西安建筑科技大学教改项目"风景园林工程与技术案例式教学模式研究"，项目编号：JG021402；基于"风景园林新专业教学体系的场地规划与设计教改研究"，项目编号：JG021201）

注释：

[1] 杨建辉，菅文娜，樊亚妮．景观学本科教育中的自然科学（生态学）培养目标体系 // 第三届全国风景园林教育学术年会论文集 [C]. 北京：中国建筑工业出版社，2008：97–101.
[2] 高等学校风景园林学科专业指导委员会．高等学校风景园林本科指导性专业规范（2013 年版）[S]. 北京：中国建筑工业出版社，2013.
[3] 董嘉鑫，毕根辉．浅论标准化网络教育教学质量监控体系建设 [J]. 继续教育，2014（04）：3–5.
[4] 刘晖，杨建辉，岳邦瑞，宋功明．景观设计 [M]. 北京：中国建筑工业出版社，2013：49–61.
[5] 杨琪．本科教学质量建设的内涵确认和策略选择 [J]. 兰州大学学报（社会科学版），2011，39（06）：166–169.
[6] 季桂起．新建本科院校标准化教学质量监控体系的实践分析 [J]. 德州学院学报，2007，23（5）：88–91.

图片来源：

图 1：杨建辉绘制。

作者：杨建辉，西安建筑科技大学建筑学院风景园林系　副教授，风景园林基础教研室主任；吕琳，西安建筑科技大学建筑学院风景园林系　讲师；樊亚妮，西安建筑科技大学建筑学院风景园林系　讲师，风景园林学专业在读博士；陈磊，西安建筑科技大学建筑学院风景园林系　副教授

注重场景与情境的风景建筑设计教学方法研究

刘恺希　薛立尧　董芦笛

Regarding to Scene and Situations Construction on Landscape Building Design Teaching Method Research

■摘要："结合建筑的风景园林空间设计Ⅳ（风景建筑＋风景空间）"课程立足于风景园林学科的核心教学理念——当生态和审美介入空间，培养学生的"风景阅读－风景感知－风景空间塑造－风景建筑设计"的基本能力。在教学过程中，注重训练学生进行基于场景感知的风景园林空间设计与情境描绘的风景建筑设计；将风景与建筑设计融为一体的教学方法成为本课程的教学特色。在完成课程本身的基本教学要求后，使学生具备认知风景、解读风景的能力及设计地域建筑素质。
■关键词：风景感知　风景建筑　场景　情境　设计教学
Abstract: The building and landscape space integrate design IV, landscape building and landscape space is based on the core idea of Landscape Architecture "when Ecology and Art involved in space", which the course mainly training the basic design skill to students, the process of this training can be conclude as "landscape reading–landscape perception–landscape space build–landscape building design". In this design project it brings new method, which regards to describe a scene for the place design and construct lively situations for create emotional spaces in the building and landscape space integrate design. It provides a new sight of studying in the territory landscape architecture design methods.
Key words: Landscape Perception; Landscape Building; Scene; Situations; Landscape Architecture Teaching Method

风景建筑是建筑中的一种特殊类型，一般指处于风景中或自然环境之中具有很高观赏价值的建筑。中国传统的风景建筑必须具备两个基本特征：一是建筑造型与优美的风景相匹配，不仅要求与周围的自然环境协调，更要为环境增色；二是它的选址要同时满足点景与观景的功能要求[1]。在现代建筑设计中，风景建筑亦有了新的内涵与设计需求，在风景中进行建筑设计需要考虑景区的地域文化、地形特征、小气候的变化等。建筑布局宜低不宜高，宜短不宜长，更多地融合到自然山林之中，需要考虑植物配置的季相变化[2]。

建筑与风景，是艺术、生态、空间的结合，现代建筑更多表述个人的意象，因技术的提升导致许多建筑师不再需要考虑复杂地形条件带来的挑战，而更多地探讨作为设计师如何能够发挥个人的想象与创造，但事实上，风景中的建筑面对的问题更为复杂，如何实现其可持续性、将对生态环境的破坏降到最低，同时兼顾其在风景中艺术形象的表现等，因此在其设计教学的过程中涉及的因素众多且困难重重。本课程首次提出"基于场景与情境的设计方法"展开风景建筑设计的教学探索。

1.风景建筑设计课程设置

"结合建筑的风景园林空间设计Ⅳ（风景建筑＋风景空间）"课程在风景园林专业本科第五学期开设，自2010年开课以来已完成6轮次教学任务，由原建筑学专业骨干课程"山地旅馆设计"为基础，完成校级教学改革面上项目"新学科定位下的风景园林专业建筑设计系列课程教学改革"（项目负责人：董芦笛，2011～2013年）一项，经过3年教学改革调整为"结合建筑的风景园林空间设计Ⅳ（风景建筑＋风景空间）"。本课程主要训练学生掌握景观项目中土地与空间的景观认知能力，面对人与自然环境相协调的问题，掌握景观诊断、问题分析、方案设计、思维程序及工作的基本方法，具备生态理念和营造宜人的空间环境的能力，树立生态环境意识，形成多学科交叉观念。

本阶段设计课程包含两个环节，分别是"风景感知"环节与"风景建筑＋风景空间"环节。在本门课程中，学生将进行综合建筑学、风景园林学、场地、植物知识的风景建筑设计基础训练，以"景观认知－诊断－表达"的专业思维为主线，贯穿课程全过程来训练多学科专业思维融合，重点培养学生的设计应用实践能力，全面强化专业素质。课程目标是：第一，从"风景阅读"开始，训练学生对自然要素对认知与解读。"风景阅读"是指认识土地与空间的景观，景观是发现"看不见"事物的一种工具，"景观阅读"是看到景观的一些现象和创造这种现象动因的研究方法[3]。第二，培养学生的"风景感知"能力，对风景有敏感性并能将其转化为图纸表达。"风景"一词含义广泛，其中"风"可以解释为地面气流对流动，风带来凉爽的空气缓解城市热岛效应，带来风声形成声景等；"景"是一种使人有美感的物体，气体如天上的云彩、日、月、星辰。风景也是许许多多有美感的景致。人们的视觉感受能够反映物的存在，物给人们一种"景"。"景"有大、小、实、虚，人们的内在感受心理反应，对"景"的评述也会有差异，好的、优秀的、差的、坏的、不好的，有共同的评述，也有各自评述[4]。通过这样的感知过程，训练其良好的设计入手点，为接下来的设计工作做准备。第三，提高塑造"风景空间"的设计能力，树立生态环境意识、地域特征意识、相地选址意识、风景营造意识，形成多学科交叉的设计观念（图1）

"风景建筑＋风景空间"是"结合建筑的风景园林空间设计"系列课程的第四门课程。"风景感知"是该课程的前期训练题目，主要训练学生对场地的景象认知及在场地中的建筑空间

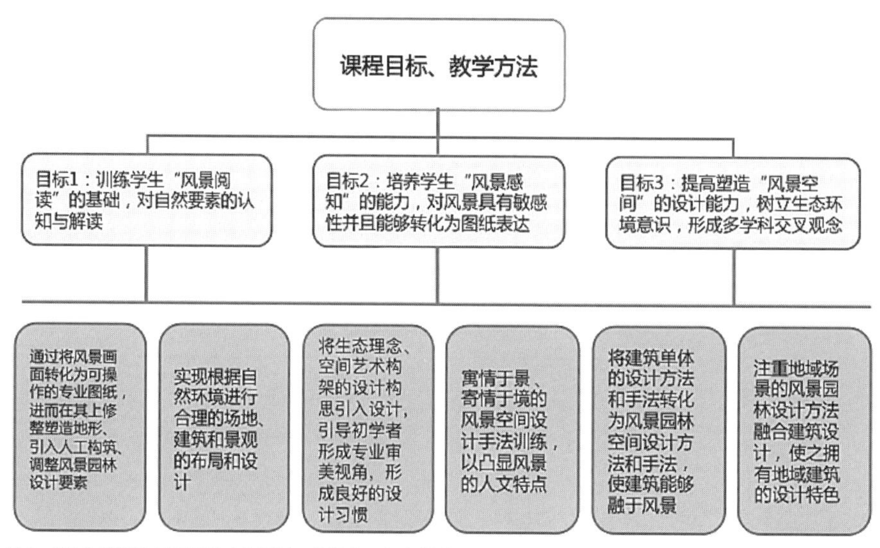

图1 "结合建筑的风景园林空间设计Ⅳ"课程目标与教学方法

布局等基本原理，它首先通过对自然地形地貌进行认知与概括，进而进行人工场地和建筑布局的介入，最终使得人工构筑与自然山水相辅相成，形成“看”与“被看”的风景画面这样三个步骤的训练，使得学生理解“风景”的基本概念以及建立起结合风景的建筑空间布局的基本原则。通过理论课中对自然风景与人文风景的讲述，了解风景的基本概念、景观实体及其形象特征。基于理论课的讲述，理解自然风景本身的差异性，理解不同风景的山水地貌空间特征及人工构筑物对其影响。在景观认知的基础上能够分析所处风景的特点，能够进行风景画面与平面图示的转化，并掌握风景园林设计要素及建筑与自然的空间关系。

“风景建筑＋风景空间”课程基于场地分析与设计进行“小型旅馆建筑设计”题目训练。首先，充分理解场地与建筑的关系。在“风景感知”课程之后充分理解“风景”的概念并将其应用于风景建筑空间的布局。通过小型度假酒店建筑设计，理解并掌握具有综合功能要求的小型公共建筑的设计方法和步骤，理解综合解决人、建筑和环境的关系，培养能解决功能、形态创造与工程技术经济的能力。

本课程以“60～80 间规模的度假酒店”为题。首先训练学生的场地选址能力，可根据地形特点选址于山坡之上或是林中，也可以选址于水边；其次训练学生的建筑形态与场地之间的契合关系，可根据需要选择集中式、分散式或集中－分散式布局；最后则是根据人的行为活动来进行场景与情境的描绘刻画，并能使之在特定的风景要素中得以塑造。风景园林学科作为新的一级学科，同时依托于具有强势地位的建筑学学科，所以在其初始课程设计中沿用“旅馆建筑”这一传统建筑类型，并选址于风景区中，使风景园林专业特色突出，将建筑作为风景园林的空间设计要素之一，同植物、地形、水体等要素综合考虑，站在人居环境设计的视角，提出基于场景与情境的风景园林空间设计方法。

2.基于场景与情境的风景建筑设计方法

场所与场景是外部空间环境中人为设计的一种景观空间的客观存在。设计者以一种特定景观思维组织外部空间序列，试图让体验主体能够从直观的角度去感知建成的空间环境，并获得场所中的画面感，从而认识风景。戈登·库伦将“场所感”描述为：“一种特殊的视觉表现能够让人体会到一种场所感，以激发人们进入空间之中。”不同的生活经验和文化背景对场所精神的理解不同，场所精神依赖于具体的空间结构和抽象地称之为“氛围”的空间性格，对应的是多样性、地域性和不同的文脉。

“场所中的场景构建是景观设计方案构思的主要途径，其空间组织原理表现为‘构景与视觉序列的空间组织’。场所是构成人类活动的空间环境，是由实体空间和人的行为活动共同构成；场景是场所中具有画面感的空间环境。 场所中的场景是由‘站点、观景点和路径’等基本景观空间，以及‘象征性、纪念性和境地空间’等不同感知层次的景观空间所构成。[5]”景观设计是运用气候、地形、水文、植物等因素在场地中进行的景观空间设计，其核心内容是围绕土地展开的。土地是景观空间设计的载体，承载着人的各种行为活动和景象的发生。人在设定的路径中行进时，获得不同体验，这是一种场所感的本能反应，也是景观设计中必须要考虑的一个要素。

场所是由场地和人的行为活动共同构成的，因此场所中的空间设计也是与场地和行为息息相关的。场所空间设计围绕外部空间环境展开，蕴含了外部空间设计和行为心理学的基本原理。场所中的场景能够被感知，场所中的场景具有一定的画面感，符合大众的行为心理需求，符合景观的视觉设计原理。场景的表现可以有单一场景的描述（图 2），也可以有对一个序列场景的描述（图 3）。

图 2　单一场景营造

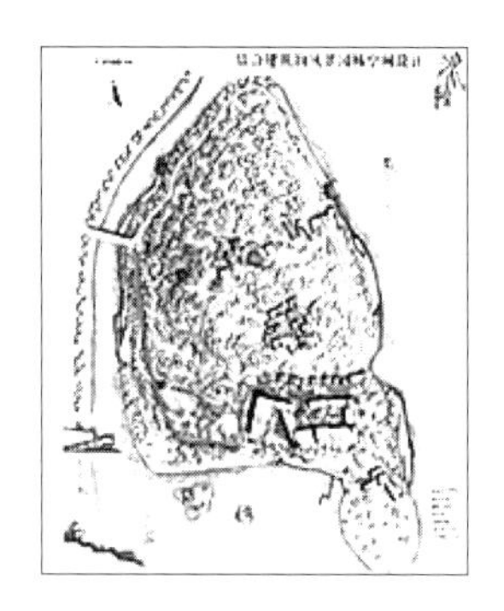

图 3　序列场景营造

图 4　情境的画意描绘

中国古代的许多风景建筑着意表现自然的美和意趣，讲求“揽山水为苑”，设计者借山川美景因势利导，将自然中的环境特征经过提炼转化为艺术。战国荀子提出“山林川谷美形胜”，指的即是这样一种对自然之“形”的理解与表达。古人用山水诗、山水画等来描绘自己对于“形胜”的理解，而通过这些“介质”所传达的内容更多的是一种“情境”。本课程中试图采用的就是这样一种方法，以引导学生对于情境的理解，通过“空间艺术构架”的方法，设计出完整的环境，营造一种画面感。经营画面与建筑群体组织可以有两种方法：第一是“虚实藏隐”，以虚实相生的隐显变化关系处理画面，风景建筑可借地形变化或藏或露、时隐时现，与自然充分结合，游览者不仅仅是“看”，而是可以在想象中获得更加深刻的审美感受；第二是“开合收放”，当建筑单体在形成整体时，空间的收放、组构能够使得其产生一种脱开特定元素存在的整体感，既可产生宏伟庄严的效果亦可取得幽深雅致的意境，在对环境进行组织的过程中，以变化丰富、对比鲜明的形态使得场景序列形成有机整体[6]（图 4）。

3. 教学过程及要求

“风景感知”环节由 4 个 workshop 组成，要求风景空间中能明确选出适当的用地范围，选择合适的体量与场地条件及如何使得建筑能够融合于风景之中。它的作用是使学生基于较小范围地块内的建筑单体与人造环境的综合设计，能够顺利扩展进入到较大面积的风景区域内的建筑集群与自然风景、人工景观的综合规划设计中去。根据所涉及的专业基础知识以及学生的思维理解顺序，本课程设置了 4 个阶段的讲解和训练过程，试图使学生能够逐步掌握建筑空间布局在构成风景、主导风景要求下的基本原则，同时掌握风景园林设计要素在处理建筑与自然空间关系中的基本手法与运用技巧（表 1）。

风景感知教学阶段安排　　　　**表 1**

教学阶段	教学目标	案例	说明
风景认知与表达	选取最具典型自然地形特色的照片（如山谷、河谷、丘陵、湖滨等）		风景照片择一处三面环山、山间洼地汇水为湖之地，选址于山麓水畔

续表

教学阶段	教学目标	案例	说明
风景的形态构成分析	将所选照片转化为有粗略等高线示意的平面地形图		地形特征把握准确，但一些景观要素表达不足
择建筑并选址	学生选取特定体量的建筑体块，使该建筑体块在平面上成为该风景地块的敏感点		建筑体量适宜，选址合理，场地处理能结合地形地貌特征
风景画意描绘	描绘一幅带有气候特征的风景画		描绘了一幅夜色雪景之场景

在风景建筑设计过程中，首先，在课程教学中贯穿建筑学基本教学理念，即对尺度、规模、功能和空间的基本训练；其次在设计初期阶段强调与环境的结合，从体量、位置、外部轮廓等方面进行分析，并进而能够达到与环境融合的目的，以不破坏生态及原有风景特点为最低要求。成果要求最终确定的方案草图平面不仅有建筑方案设计，同时应具备环境设计，以使建筑外的环境及建筑作为观景点能看到风景，建筑与环境、地形结合后亦可被称为可被观赏的风景。期间的景观效果分析将成为必要步骤（图 5）。

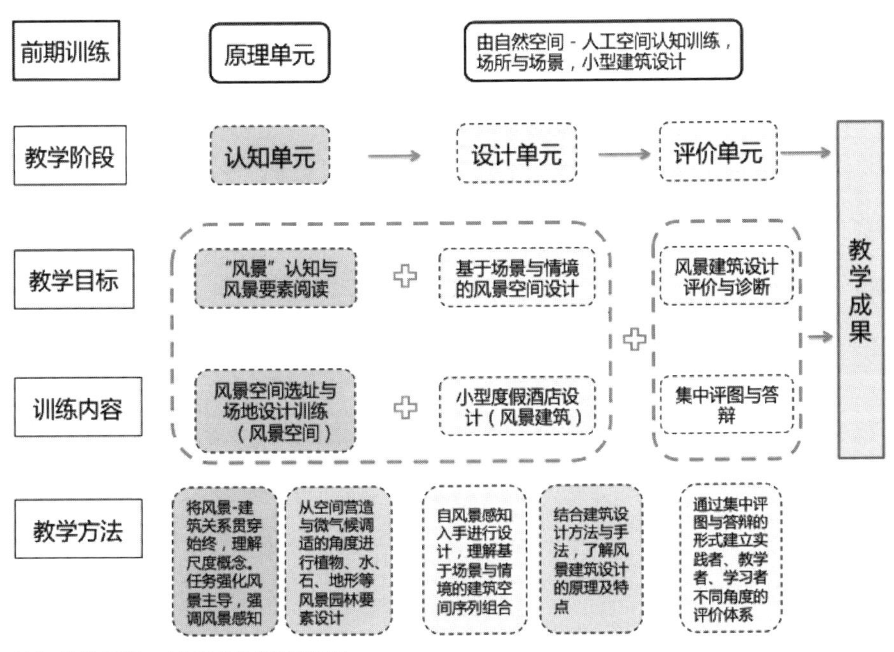

图 5 “风景建筑＋风景空间”课程框架图

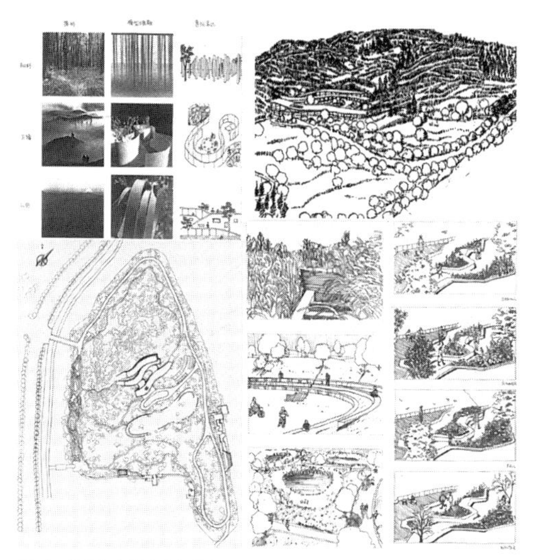

图 6　风景建筑设计过程图

本设计的设计任务：规模 60 ~ 80 间，总建筑面积约 7200m²（±10%），用地面积约 10200 ~ 14000m²。米家崖桃花潭景区管委会似在桃花岛上修建一所度假宾馆，并形成浐河岸边的一道风景，完善景区的游憩度假功能。规划设计要求：1）充分考虑依山傍水的自然环境，融人工于自然。层数不宜高，以 2 ~ 3 层为宜。2）尊重现状景观资源，西侧桥为主出入口。3）建筑容积率不得大于 0.51，建筑密度不得大于 35%，绿地率不得小于 55%。按照任务书要求，学生在整个设计中将进行 4 个阶段的训练（图 6），各阶段的训练内容及训练重点如下：

阶段一（整体规划布局阶段）：完成一张针对场地的整体规划布局。图纸要求：铅笔草图，A1 图幅；要求在进行场地调研与分析后，结合自己的认知与分析结论，提出自己对于场地的规划设计理念以及对于场地的利用方式。

阶段二（构思及概念阶段）；即传统的"一草"要求。概念阶段成果（一草及体块模型）内容要求：1）1 ：1000 或 1 ：500 总平面图；2）1 ：300 或 1 ：200 单体平面；3）体块模型；4）图式分析表达，包括构思的多方向比较、空间模式的萌芽与生成、环境关系、功能关系、空间及形体。图纸要求：徒手铅笔草图，A1 图幅，2 张。

阶段三（方案生成阶段）：即传统的"二草"要求，这是整个设计过程中最为重要的一环，是确定方案构思及建筑形体组织的主要阶段。此阶段在教学环节中所需时间最长，且要求内容也比较多，故而在例图制作时着意于内容的完整性，可让学生直观地理解"二草"的内容和要求。教学目标：解决基地布局、建筑形体、形体透视意象、结构选型、建筑技术等问题。图纸要求：徒手铅笔草图，A1 图幅，2 张，包括：1 ：1000 或 1 ：500 总平面图；1 ：200 底层平面图，1 ：300 标准层平面图，1 ：50 客房放大平面图，1 ：300 主要部分剖面图，1 ：300 主立面图（2 个），主要形体透视图，各类分析图，设计说明。另需制作，比例为体块模型 1 ：500 或 1 ：300；

阶段四（方案深化与表达阶段）：目标为解决建筑外环境设计、种植设计等问题。准备正式图的表达内容，成果模型的制作与拍摄准备。图纸要求：1 ：1000 总平面图；1 ：200 底层平面图带外环境；1 ：300 标准层平面图；1 ：50 客房放大平面图；1 ：300 剖面图；1 ：300 立面图；主要形体透视图；种植设计部分要求 1 ：50 的节点放大图、剖面图、季相变化示意图、分析图及设计说明。

4. 案例

本案例所展示分析图能够基于景观生态学的基本概念进行场地地形的设计，同时配合了植物与水体的设计，并将一系列人工要素以自然的"水泡"形态加以统一展现，部分地实现了形态与生态的融合。其所设计的场景也以当地的自然条件为基础，针对"窗景"这一酒店特有的景观进行了描绘（图 7）。

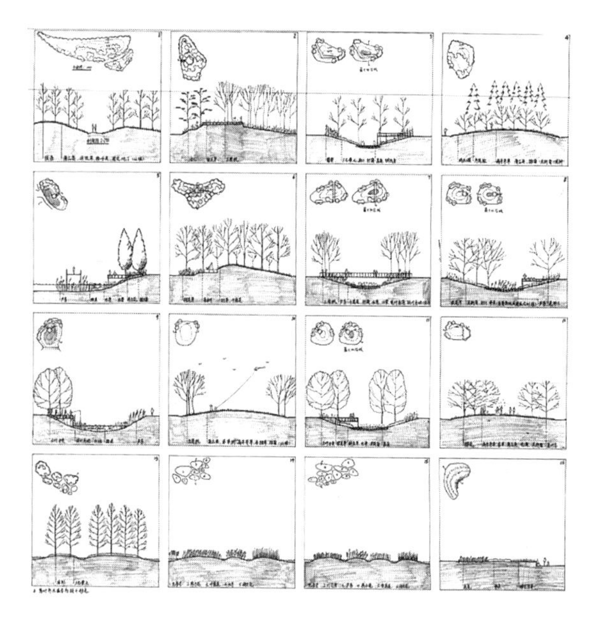

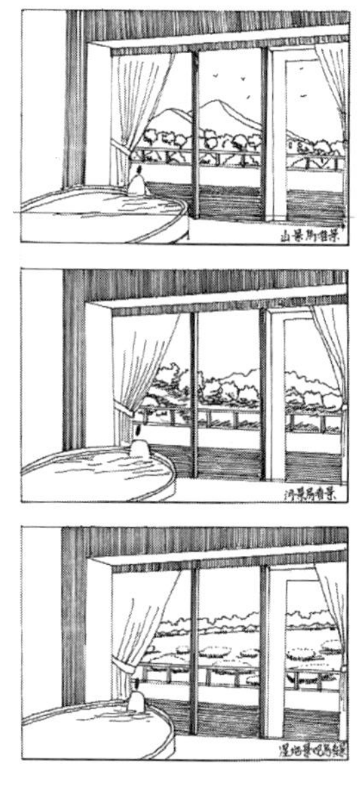

图 7　生态设计的场景图与"窗景"

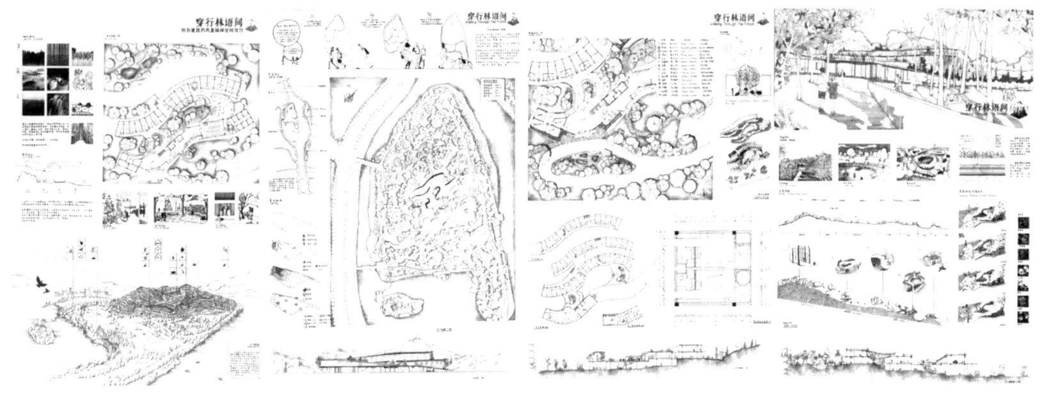

图 8　优秀学生作业“穿行林语间”

本方案选址于山坡之上，充分考虑地形特点，将原有自然条件——“林”——所拥有的潜质发挥至极，大量地保留了高大乔木，采用覆土建筑的形式将建筑完全“融”于林中，利用线性的形态削弱主体建筑体量；突出“穿越”这一主题，使得建筑穿越于林中，森林穿越于建筑，人能够无阻碍地穿越于自然与人工环境之间，营造出一份静谧的情境（图 8）。

5. 结论

在风景建筑的设计过程里，场景是对于人所活动场所的记录与描述，让人们能够更直观地理解设计者所营造的环境氛围。情境是寓情于景、寄情于境，充分地利用场地自然条件描述一幅“画面”，正如古人作山水画一般，首先理解和把握山水，其次认识和观察山水形态的变化，从景观要素的选择、取舍到整个环境结构的选址、布局，从立意构思到具体空间手法的应用，充分考虑造型、尺度、比例、色彩与环境格调协调一致，将地域景观及其文化赋形赋地。这样的设计过程能够让现代建筑的设计者们从文化本源和我们的自有文化整体进行深入理解。作为一种探索与尝试，这也是一次教学特色的凝练和教学方法的反思。

［基金项目：受西安建筑科技大学 2015 年择优立项课程建设项目“结合建筑的风景园林空间设计（风景建筑＋风景空间）”］

注释：

[1] 杜顺宝．风景中的建筑 [J]. 城市建筑，2007 (5)：20.
[2] 齐康．建筑风景 [J]. 中国园林，2008，24 (24)：63.
[3] 刘晖，杨建辉，孙自然，马冀汀．风景园林专业教育：从“认知与表达”的景观理念开始 [J]. 中国园林，2013，29 (6)：14.
[4] 齐康．建筑风景 [J]. 中国园林，2008，24 (10)：62–63.
[5] 刘晖等．景观设计 [M]．北京：中国建筑工业出版社，2010.
[6] 王丽方．山水画论与传统的风景建筑 [J]. 中国园林，1988 (2)：28–29.

参考文献：

[1] 赵庆红．现代风景建筑设计的传承与创新研究 [D]. 东南大学，2004.
[2] 王铎．风景建筑文化浅论 [J]. 新建筑，1997 (2)：44–46.

图片来源：

图 1　作者自绘。
图 2　2011 级风景园林学生邵佳慧，指导教师刘恺希、董芦笛。
图 3　2013 级风景园林学生陈宇，指导教师刘恺希、张涛。
图 4　2013 级风景园林学生张熹佳。
图 5　作者自绘。
图 6　2013 级风景园林学生张熹佳，指导教师刘恺希、张涛。
图 7　2011 级风景园林学生邵佳慧，指导教师刘恺希、董芦笛。
图 8　2013 级风景园林学生张熹佳，指导教师刘恺希、张涛。

作者：刘恺希，西安建筑科技大学建筑学院讲师；薛立尧，西安建筑科技大学建筑学院讲师；董芦笛，西安建筑科技大学建筑学院副教授

建筑学专业教学中法规知识平台建构的探讨

高峻

Construction of Building Regulations Knowledge Platform in Architectural Education

■摘要：建筑法规教学一直是建筑学专业教育的短板之一，一是内容庞杂，学校各自选材，没有统一标准；二是只是作为建筑相关知识课程之一，缺乏与设计主干课的联系，因而内容枯燥孤立，学生不感兴趣。本文探讨以设计教学为核心、职业建筑师培养为目的，编织相关法规知识内容，构建建筑法规知识模块平台，以更好地适应建筑学专业的教学需要。

■关键词：建筑法规　专业教育　技术法规　知识平台

Abstract: Building regulations teaching is one of the short slabs of architectural education. Firstly, there are enormous contents relevant to the course, so no unified contents are adapted by teachers. Secondly, the course is treated as one of the deputy courses, and it's lacking connection with main designing courses, which results to boring to students. So it is necessary to construct the relevant building regulations knowledge platform to design as the core, in order to adapt to the demand of architecture specialty training goal.

Key words: Building Regulations; Professional Education; Technical Regulations; Knowledge Platform

建设行为作为社会重要活动之一，受到系统建筑法规的规范和约束。尽管如此，当前社会中仍不断有违反建设法规行为发生，例如设计建造的安全事故频发，日照纠纷、设计版权冲突等引发的设计赔偿问题，以及由于邻避设施选址引起的社会集群"邻避冲突"问题。另一方面，由于建筑学专业教育偏重于设计能力及表达，对于设计法规知识的训练不足，建筑学毕业生往往在设计院工作中沦为"设计院学徒"的尴尬境地。而在欧美等国的建筑学专业教育中，却将法规作为教学的重要内容，如英国建筑学院在学院教育的三个发展阶段中，加大"法律的实践学习与比重"。

1. 建筑法规教学现状

"建筑法规"是配合注册建筑师制度，依据"建筑学专业教学评估"而设的建筑相关知识课程之一，其目的是培养执业注册建筑师，适应法治社会需求。 各学校对于建筑法规的教学内容不一，有以“建设法规”[1]为核心的，有以“建筑设计规范”[2]为重点的，均偏重一方，都有一定的局限。目前，国内相关的课程教学教材主要存在的问题包括：内容设置不合理；适用于建筑学专业建筑法规、建筑师业务的教材对最新专业研究成果以及最新修订的法律、规范引入不足，对建筑学专业发展中的热点及其有争议性的问题浅尝辄止；等等。其核心问题是，没有建立完整、科学的面向建筑学专业的建筑法规知识体系。

2.法规教学内容的界定

建筑师的执业行为是复杂多变的，建筑专业教育有必要及时反映这些变化，其架构与主题应符合法治社会发展需求。注册建筑师制度对建筑学专业教学提出了相关要求，如“了解设计有关的法规要求，熟悉强制性标准、注册建筑师相关规定以及设计文件的编制、修改要求，了解建设相关法规”等内容。

建筑学教育应该针对建筑师执业需求，建立系统的建筑法律及规范知识平台。一方面需要建筑师建立“物勒工名”[3]的终身设计质量意识[4]，另一方面要养成建筑学专业学生的法律规范意识，形成对“建筑本体”[5]的整体哲学认知。

建筑法规是一个庞大的法律科学体系，内容庞杂，必须结合学生所学专业编制科学的教学内容。针对建筑学、城乡规划、工民建、工程管理等不同的专业必然有不同的侧重点。建筑学专业教学应该以“设计”为核心来组织建筑法律规范等内容，不仅包括设计规范内容，也应该包括与设计相关的规划行政管理、设计版权、注册建筑师管理等方面内容。

3.法规知识平台的构建原则

（1）系统性。以设计为核心，全面构建设计相关的知识体系，从策划－设计－建造－监理－竣工验收等阶段的全面的设计相关的法律规范。不仅包括相关的经济、民事、行政等方面的法律，还应该包括技术标准－国家工程建设标准体系中建筑设计相关的设计标准。

（2）层次性。由于相关法律体系的内容庞杂，不可能要求学生掌握全面的法律规范知识。因此内容组织必须紧扣设计本身，设计相关的法律、规范是需要重点表述的内容。法律内容组织上贴近设计及现实生活中会碰到的相关问题，建筑设计中常见规范错误问题也应该是教学内容。具体可按要求掌握程度分为三个层次：核心、熟悉和了解。

（3）动态性。由于法规内容是随着经济、技术发展而不断调整、变化的，因此法规知识的内容也应该随着法律、规范而调整。设计最核心的两本规范经历了多次调整：《工程建设标准强制性条文（房屋建筑部分）》经由 2000 年版始，经历了 2002 版、2009 版、2013 版的调整，防火设计规范也经历了多次修编，合并版的《建筑设计防火规范 GB50016—2014》也已于 2015 年 5 月 1 日开始实施。

4.法规知识平台模块组成

建筑法规按照其效力包括三个层次，由上至下依次为法律及配套条例、建筑技术法规、技术标准（规范）[6]（图 1）。在法律层次上，我国与其他国家类似，是由立法机关或者政府颁布。与国际通用的“技术法规[7]—技术标准[8]”不同，我国采用的是沿袭过去苏联的“强制性标准－推荐性标准”体制。大多数经济发达国家和地区，建筑技术法规只有一本，集中表达了必须强制执行的建筑技术要求，重点突出。而我国，现行的建筑工程强制性标准内容庞杂而分散，因而不利于贯彻实施。随着与国际的逐渐接轨，建筑的管理体制也向国际演进。为进行建筑质量控制，避免强制性条文和推荐性条文混编带来的执行困难，国内从 2000 年起编订《工程建设标准强制性条文》。但是考虑的目前的建设和管理水平，技术标准还不能完全演变成国外的推荐性标准模式。因此，技术标准仍是设计检验的重要依据。

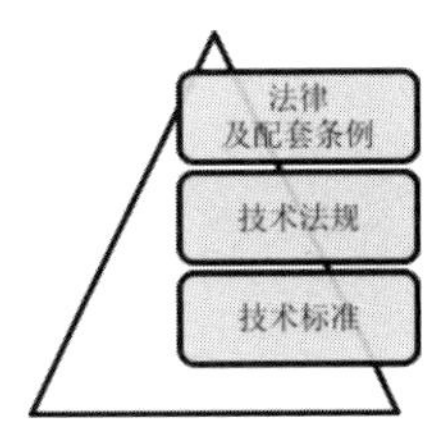

图 1　建筑法规体系

法规教学内容组织应该分为三个平台模块（图 2），以设计为线索、技术法规为核心向前后端延伸来组织。

我国对建设活动中的行政管理关系、经济协作关系、民事关系进行规范调整，其表现形式也贯穿于整个法律体系：宪法、法律、行政法规、部门规章、地方性法规与规章、国际公约。尽管建筑相关法律条例内容很多，与设计相关的内容可以形成建设法律体系。

技术法规是课程的核心内容，其内容上承法律条例，下与技术标准有交叠之处。强制

以设计为线索的建筑法规平台模块

法律条例	技术法规	技术标准
《规划法》； 《建筑法》； 《土地法》； 《著作权法》； 《房地产法》； 《注册建筑师条例》	《城市规划技术管理条例》(某城市为例)； 《工程建设标准强制性条文(房屋建筑部分)》； 经济指标相关标准	基础标准； 通用标准； 专用标准； 综合标准

图 2　建筑法规平台模块核心内容

性条文本身就选自诸多技术标准，是直接涉及公众基本利益的安全、卫生等技术要求和直接涉及国家长远利益的环保、节能等技术要求，是工程建设监督和执法检查的依据，因此也是设计的重要依据，是建筑学专业学生必须掌握的核心标准性内容。

基于我国目前的标准化体系现状，采用强制性标准与推荐性标准结合的方法。强制性标准内容众多，分布在 "房屋建筑标准 829 本" [9] 内。强制性标准在设计中也必须执行，但可与强制性条文区别对待。从长远来看，对不直接涉及公众基本利益和国家长远利益的技术要求，以及为保证实现强制性技术要求而采取的途径和方法等，会与国际做法接轨，逐渐过渡到推荐性标准的做法。

5. 法规知识平台模块内容组织

5.1　法律条例模块

从建筑师的执业需求和职业服务范围的发展趋势来看，建筑师的服务范围不断延伸，建筑师需要了解更多的法律知识。由于建设相关法律内容较多，有关建筑设计、管理的内容需要梳理，归纳出与设计相关的核心内容。

1)《规划法》——确定城乡规划法定定位，制定和实施城乡规划，规范规划区内建设活动。对于建筑师来说，其核心内容是 "一书两证" [10] 制度对设计活动的规范，了解规划行政主管部门对项目设计的管理过程和关键节点。

2)《建筑法》——以规范建筑市场行为为出发点，以建筑工程质量和安全为主线，规范了总则、建筑许可、建筑工程发包与承包、建筑工程监理、建筑安全生产管理、建筑工程质量管理、法律责任、附则等内容。还包括《建设工程质量管理条例》、《建设工程勘察设计管理条例》等法规及相应规章。其设计相关核心内容是工程项目建设程序、工程设计阶段、设计招投标、设计合同、设计收费标准等内容。

3)《土地法》—— 是调整人们在开发、利用和保护土地过程中所形成的权利、义务关系的法律规范的总称，是我国经济法律体系中重要的法律部分。其设计相关核心内容是，理解不同建设用地属性以及建设用地使用权的取得方式。

4)《著作权法》——是保护文学、艺术和科学作品作者的著作权以及与著作权有关的权益的法律。中国是《伯尔尼公约》的成员国，公约内容也是著作权法的重要内容。建筑作品是著作权法的保护对象，如何使建筑物、建筑设计图与模型享有知识产权的保护，或者说如何界定设计中的抄袭侵权问题是建筑师需要熟悉的。

5)《房地产法》——是指调整在房地产开发、经营、管理和各种服务活动中所形成的一定的社会关系的法律规范的总称。房地产业是设计服务的主要行业，了解房地产开发程序，设计才能与服务对象进行有效配合。

6)《注册建筑师条例》——注册制度是一种行业准入制度，只有达到国家规定标准的工程建设人员，才能注册，才具有签字权。作为注册建筑师，其执业范围、应该承担的权利和义务是需要熟悉的。

5.2　技术法规模块

国内还没有成型的建筑技术法规，参照台湾地区及其他等地《建筑技术法规》内容，主要包括下述几方面：相邻关系、经济技术、安全卫生、日照标准、防火避难。因此，国内技术法规模块内容应该包括三方面：《规划管理条例》、《工程建设标准强制性条文（房屋建筑部分）》、经济技术指标类内容。

规划管理内容以建筑基地相邻关系为核心，以地方城市规划管理技术规定为例，综合基地出入口、竖向设计、建筑高度、建筑间距、建筑控制线、停车要求等内容。

《工程建设标准强制性条文（房屋建筑部分）》是设计控制核心内容，包括建筑设计、建筑防火、建筑设备等多项内容（图3）。防火设计是设计质量控制的重要内容，防火体系设计措施与原则只有在建筑法规这门课中会涉及，因此必须系统讲述。随着大型、新建筑发展，防火设计也从"处方式或传统规范"发展出性能化防火设计。学生需要掌握的重点还是《建筑设计防火规范》，这是防火设计的基础。建筑设计方面内容在建筑学专业许多课程中都有涉及，如"设计的基本规定"在"建筑设计原理"课以及专业设计课程中都有涉猎；"室内环境设计"中的节能、建筑物理环境，在"建筑物理"、"建筑设备"等课程均有相关内容；"各类建筑的专门设计"是针对不同建筑的功能性条文，可以在具体的不同建筑种类设计中接触到。建筑设备是建筑设计相关专业需要掌握内容，在此需要有所了解。

经济技术指标类内容，包括建筑面积、容积率、建筑密度、绿地率等核心指标。随着建设管理水平的提高，对建筑指标的控制必然越来越严格。其中建筑面积计算有国家统一标准，而其他三项指标各地都有不同计算标准。

5.3 设计标准模块

设计标准模块内容包括了许多技术法规的内容，同时还包括了许多强制性条文外的强制性标准、推荐性标准的内容，系统地理解了解建筑技术标准体系，才能进行准确设计。国内现行建筑设计标准有114本，其中包括综合标准1本（《住宅建筑规范》全本强制性条文）、基础标准13本（3本待编，推荐性标准9本）、通用标准20本（7本待编，推荐性标准4本）、专用标准80本（25本待编，推荐性标准7本）。除去专用校准、推荐性标准、在编标准，剩下的强制性标准内容并不是很多，因此可作为技术法规的补充内容做一般性的了解。其中《民用建筑设计通则》、《无障碍设计规范》、住宅设计标准、建筑节能设计标准是重点内容。

标准内容的构建不应该是规范条文的罗列，而是以建筑不同部位为知识点线索的内容表达，可以包括以下几部分内容：总图设计（竖向设计、道路、停车场、广场、管线综合）；建筑基本规定（民用建筑分类、房间合理使用人数、层高与净高、室内环境、安全防范）；地下室（防水、地下车库）；墙体（类型及材料、抗震、隔声、节能）；幕墙、采光顶（类型、节能、维护与清洁）；屋面（类型、防水、排水、构造）；楼梯、台阶、坡道；电梯、自动扶梯、自动人行道；门窗（类型、节能）；其他部位（阳台、排气道、电缆井、管道井）；厨房；卫生间；无障碍；设备用房等。

6.法规知识平台模块教学设想

设计相关建筑法规平台知识体系内容庞杂，并非"建筑法规"一门课可以容纳。本文主张将其内容平台模块化，形成以设计为核心的法规知识平台。尤其是技术标准类中许多知识模块与设计课程、建筑物理、建筑设备、场地设计以及建筑相关知识课程紧密相关，可以穿插在相关课程的教学中。建筑法规课程的任务是总结与统领，将建筑法规知识系统化，使学生理解控制设计的法律规范体系，掌握技术标准控制要点，从而培养有法规意识和设计能力的建筑学专业学生。

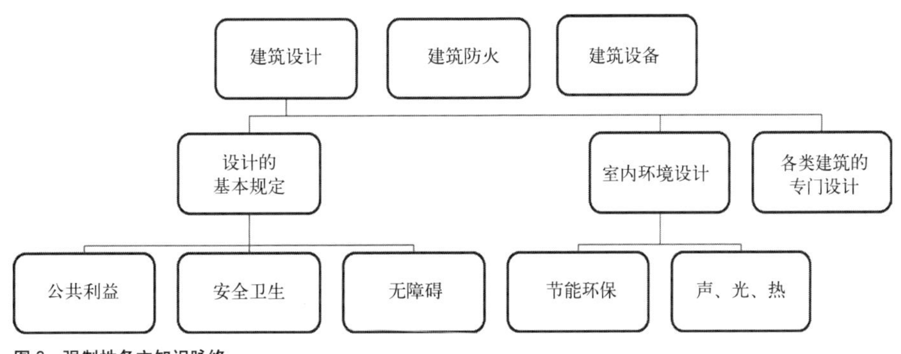

图3 强制性条文知识脉络

注释：

[1] 代表教材为：建设部人事教育司．建设法规教程 [M]. 北京：中国建筑工业出版社，2002.

[2] 代表教材为：孟聪龄．建筑设计规范应用 [M]. 北京：中国建筑工业出版社，2008.

[3] "物勒工名" 始见于《吕氏春秋》，指器物的制造者要把自己的名字刻在上面，以方便管理者检验产品质量。

[4]《建筑工程五方责任主体项目负责人质量终身责任追究暂行办法》(建质〔2014〕124 号) 于 2014 年 8 月 25 日颁布，条例所强调的正是 "设计终身负责制"。

[5] Jean-Nicolas-Louis Durand(1760-1834) 是 19 世纪早期法国最重要的建筑理论家之一，强调建筑实用主义和经济意义，他认为 "建筑的唯一目标是最适用和最经济的布置"。设计规范正是反映最基本的技术要求。

[6] 人们习惯于 "规范侧重于综合技术要求，标准则偏重于单项技术要求"，在标准化法里技术标准与技术规范的英文均为 Technical standard，其约束效力是一样的，都是技术标准。

[7] 技术法规 (technical regulation) 为一种法定权力机构所接受的约束性文件，它由技术性规定组成，或涉及技术性规定，其中包括适用的管理条款。

[8] 技术标准 (Technical standard) 基于协商一致，由公认的标准化机构批准，为重复或连续应用而制订的技术规定。

[9] 国家工程建设标准体系 [2014-07-23].http://59.151.31.186/bztx/WorkBoard.aspx?1=1&ActMain_Section=A3.

[10] "一书两证" 是规划建设管理审批文件，包括选址意见书、建设用地规划许可证、建设工程规划许可证。

参考文献：

[1] 王晓临，段永辉．城市规划管理中的日照问题浅析 [J]. 城市规划，2006 (09)：57-60.

[2] 湘雯．该刹一刹建筑设计抄袭之风 [N]. 中国知识产权报，(1).

[3] 邓可祝．邻避设施选址立法问题研究——以邻避冲突的预防与解决为视角 [J]. 法治研究，2014(07)：39-48.

[4] 蔡永洁．大师・学徒・建筑师？——当今中国建筑学教育的一点思考 [J]. 时代建筑，2005(03)：75-77.

[5] 吕国昭．建筑师学院教育、继续教育与注册制度的联结——英美建筑教育的借鉴 [J]. 上海城市规划，2009(03)：35-38.

[6] 余卓群．建筑学教改刍议——从评估看建筑学专业教学改革 [J]. 建筑学报，1995(05)：24-25.

[7] 赵剑峰．建筑法规课程教学内容与方法改革的探讨与实施 [J]. 大连大学学报，2008(06)：121-123.

[8] 罗世荣．在高等建筑院校开设建筑法规课程的设想 [J]. 高等建筑教育，1997(S1)：39-40.

[9] 云亮．论加强建设法规教学的有效途径 [J]. 法制博览（中旬刊），2014(03)：307.

[10] 邵卓民，钱力航，沈世杰等．国外建筑技术法规与技术标准体制的研究 [J]. 工程勘察，2004(1)：7-10.

[11] 姜涌．职业与执业 中外建筑师之辨 [J]. 时代建筑，2007(2)：6-15.

[12] 姜涌．项目全程管理——建筑师业务的新领域 [J]. 建筑学报，2004(05)：76-79.

作者：高峻，浙江大学建筑系讲师，国家一级注册建筑师，国家注册城市规划师

跨学科发展视角下的建筑教育实践平台建设

徐怡珊　周典

Construction of Architectural Education Practical Platform from the Interdisciplinary Development Perspective

■摘要：以当代建筑教育发展新趋势对实践平台建设的影响作为研究基础，分析建筑教育实践平台建设的“关键因素”，从“设计工作室”实践教学目标、实践教学内容、实践教学管理和实践教学评价四个方面，探求适合高等院校建筑教育实践平台建设的正确发展途径。
■关键词：跨学科发展　建筑教育　实践平台建设
Abstract: Taking the effects of the new trend of contemporary architectural education development on practical platform construction as the research base, this paper analyzes the "key factors" of architectural education practical platform construction. From the four aspects—the "design studio" practice teaching objectives, practice teaching content, practice teaching management and evaluation of practice teaching, this paper try to search for the correct development way of architectural education practical platform construction which is suited to colleges and universities.
Key words: Interdisciplinary Development; Architectural Education; Practical Platform Construction

建筑教育具有高等教育和职业教育双重属性，以培养在建筑领域从事设计、规划、策划、管理、监理、教育、科研等方面工作的创新型高级建筑工程技术人才为主要任务。从建筑教育实践的概念上看，它是在教学过程中，指导学生在真实或仿真的环境中获取建筑师基本训练的活动。建筑学专业属于实践性很强的土建类专业，突出建筑师职业素养的培养，强化设计实践能力的训练，是实现培养目标的重要环节。目前，实践教学在高等建筑教育中的中心地位，已达成共识，其作为高等建筑教育教学体系中的重要组成，是培养学生的专业技术应用能力及分析问题和解决问题能力的重要途径，是教学过程中不可或缺的重要环节。强化建筑教育实践教学必须构建合理的实践平台的建设模式，完善的专业实践教学体系。

一、当代建筑教育发展新趋势对实践平台建设的影响

1. 跨学科协作精神（Interdisciplinary teamwork spirit）

随着建筑本体的复杂化以及社会分工的精细化，建筑师在整个建筑设计过程中的桥梁作用更加突出。完善的建筑设计是跨学科专家、管理和技术人员共同交流与合作的综合设计，因而，具有良好的跨学科协作能力就成为建筑师所必备的专业素质。当今建筑设计跨学科协作频繁而又迫切，而在建筑教育中如何提高建筑专业学生与其他专业之间的协作能力，并通过跨学科协作更合理地参与建筑空间的再造，成为建筑教育发展新趋势。以传授传统技能为目标的建筑教育方式必然让位于以培养综合素质为目标的建筑教育方式[1]。建筑教育实践平台作为高等院校建筑教育的重要实践基地，其建设应充分考虑跨学科交叉合理规划。

2. 开放式建筑教育（Open architecture education）

开放式建筑本身是一种建筑设计方法，关注建筑、时间和人之间的互动关系，最终成为有机整体，是全球性建筑发展的新趋势。当代社会的发展和技术的更新，建筑及其所在的周边环境不断进行调节与变化，运用可持续长效技术，保持建筑美观、实用与安全[2]。新的建筑发展引领新的教育理念，开放式建筑教育将有限的资源整合与优化，使其发挥最大的配置效益。实践平台的建设就是为了实现这一目标，通过多学科资源整合，加强与国内外企业合作，围绕项目开展实践教学，构建功能集约、资源优化、开放充分、运作高效的建筑教育实践平台。

二、高等院校建筑教育实践平台建设“关键因素”研究

根据建筑教育的跨学科交叉与开放式融合特点，卓越建筑师培养的实践平台建设要依托特色研究型大学优势学科群，打破教学和科研分离的壁垒，突破现有管理体制的纵横界限，建立一套有利于提升大学生建筑设计能力的专业实践教学新体系。“建筑教育要重视创造性地扩大的视野，建立开放的知识体系，运用新的科学成就，发展、整合专业思想，创造新事物。[3]”新体系应顺应当前高等建筑教育发展趋势，结合特色高水平研究型大学自身的特点，将项目融入实践平台建设，建立与理论教学联系，推进科研反哺教学，提升创新精神和实践能力的培养。基于教学系统论原理，有序、高效地运转建筑教育实践平台必须具备实践教学目标（驱动）、实践教学内容（受动）、实践教学管理（调控）和实践教学评价（保障）四类关键因素（图 1）。

1. 驱动因素——实践教学目标的持续更新

建筑学的发展与时代问题紧密结合呈现多元化景象，“以人为本”的主导思想全方位影响着建筑教育。在科学技术方面强调建筑与城市建设、生态环境、技术条件相适应，在社会文化方面强调建筑与文化环境、人类精神需求相协调。实践教学目标的持续更新在建筑教育实践平台建设中起驱动作用，围绕建筑学专业评估标准和国家一级注册建筑师的职业要求，培养建筑学领域素质高、能力强、基础扎实、知识面宽，具有创造能力的复合型优秀建筑设计人才是实践教学目标的核心。

2. 主导因素——实践教学内容的合理配置

实践教学内容的开发和建设是实现教学目标的关键，实践教学环节的合理配置在建筑

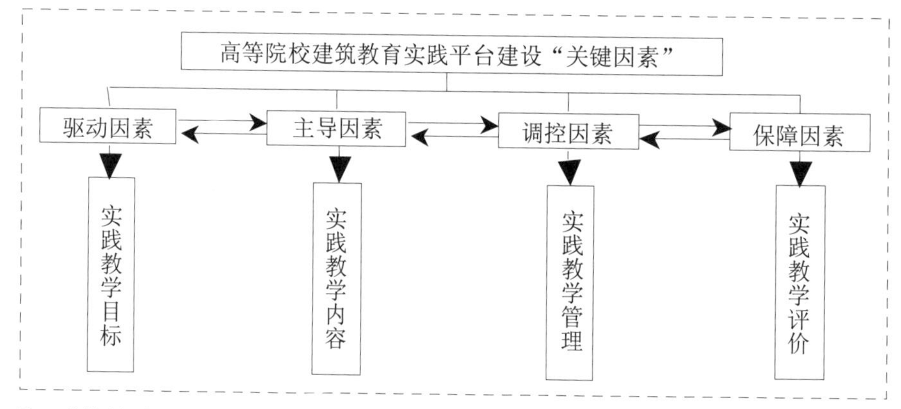

图 1　高等院校建筑教育实践平台建设“关键因素”分析

教育实践平台建设中起主导作用。建筑学习是对整个建筑系统的认识过程，整体性组织对建筑教育不可或缺[4]，以设计为主线串联实践教学环节，具体包括基本技能、专业技能、综合技能训练三大模块。基本技能着重训练学生建立精益求精的设计态度、负责的社会责任感和热忱的服务意识，按照实践教学要求掌握实践基本技能，具有很强的操作性；专业技能与专业理论知识紧密结合，着重培养学生掌握建筑师职业岗位群相关技术，要求学生在实践环境中运用技术解决实际问题，具有一定的应用性；综合技能训练以仿真对象为背景，着重培养学生在真实的职业环境下，综合运用相关知识和技术解决综合性实际问题，具有较强的实践性。

3. 调控因素——实践教学管理的有效组织

实践教学管理包括硬件管理和软件管理两部分，在建筑教育实践平台建设中起调控作用。硬件管理包括管理机构、基地建设和人员管理三个方面，以提供人、财、物的全面支持，提高资源投入和使用效益，实现教学、科研、生产和培训“四位一体”开放式教学。软件管理包括校内外实践教学管理、教学文件与规章制度建设、考核标准与评价指标建立。保证建筑教育实践教学与理论教学“双轨同步”，必须建立起完善可靠的、软硬结合的实践教学管理体系，以保证实践教学质量。

4. 保障因素——实践教学评价的规范完善

实践教学评价包括两方面内容：一是社会、教师和专家对实践活动的评价；二是学生对实践教学的评价。实践教学评价按评价时间分为过程评价和最终评价，按评价主体分为自评、他评和互评，按评价范围分为内部和外部评价，在建筑教育实践平台建设中起保障作用。多元化评价主体在建筑教育教学中较为常见，包括建筑理论、建筑设计、城市设计、城市规划和历史建筑保护等各类专家参与评审，教师与学生以开讨论会的形式，结合 PPT、展板、模型、动画等各种表达形式进行讨论和讲评，最终形成对学生多方面的综合评价。

三、高等院校建筑教育实践教学体系的本体特征建构

“设计工作室”（Studio）符合以职业能力培养为导向的高等院校建筑教育实践教学体系的本体特征建构，其是以富有经验的授课老师围绕特定课题组织学生进行练习、讨论和设计，强调创新思维能力和设计实践能力的培养，形成建筑设计教学的个性化教学机制。设计工作室实践平台不仅仅是一个教学场地，更包含一套教授学生如何设计的方法，未来建筑从业者将于此形成他们正确的工作态度以及个性化的学习方式[5]。建筑教育专业实践教学将建筑实践当作一个完整的系统促进多环节教学，其中包括前期研究、场地解析、城市策略、功能规划、空间形态、材料建构、工地控制、设计程序、设计一体化等方面的教学强化与实践落实。张永和教授提出建筑教育与实践的关系是将建筑设计作为一种研究计划，赋予建筑实践以批判的内容，建筑教育和实践不再是截然分开的关系，研究性和批判性模糊了建筑教学和实践之间的差别[6]。完善实践教育体系的本体特征建构有助于在建筑教育与职业实践之间架起一座桥梁，培养学生对建筑设计综合性与完整性的认识。

1. 设计工作室实践教学目标

“设计工作室”实践教学目标应契合高等院校培养具有创造能力的复合型优秀建筑设计人才的教学宗旨，将学生创造性思维能力和实践能力的培养放在首位，发挥学生主动学习的热情，并且给予教师自主研究的自由，探索不同的教学、设计和研究方法。高等院校建筑教育具有学科互补和多元视野的优势，实践教学是所有建筑设计教学环节的核心，呈现出个性化与多样性融合的特点。“设计工作室”实践教学目标是根据建筑学专业人才培养目标，以建筑师职业能力培养为主体，围绕建筑学专业评估标准和国家一级注册建筑师的职业要求，培养建筑学领域素质高、能力强、基础扎实、知识面宽，德、智、体、美全面发展，具有创造能力的复合型优秀建筑设计人才。

2. 设计工作室实践教学内容

“设计工作室”实践教学内容应划分为三个阶段第一，基础实践阶段：通过建筑学专业基础及专业课程实践教学，强化独立分析解决问题能力，培养学生的建筑设计理论和方法、计算机辅助设计等能力的实践应用。第二，专业实践阶段：通过认识实习、项目设计、创新实践活动、毕业设计等环节，进行专业实践能力训练，强化专业素质和创新能力的培养。第三，社会实践阶段：通过建筑师业务实践、设计实践、社会调查、社会服务等方式，进行社会实践训练，强化适应社会和独立工作的能力，包括与人合作、表达阐述、组织协调、信息

获取、自我学习等能力。三个阶段由浅入深，一系列建筑设计课题被加入其中，诸如建筑与环境，建筑功能与建筑形式，流线设计与体量组织，结构选型与建筑造型，建筑文脉与设计生成，城市肌理与建筑布局等，强化了实践教学内容的丰富度。

3. 设计工作室实践教学管理

从设计教学的基本架构出发，以知识研究领域进行区分，建立合理的设计工作室组织方式和运作模式，确立若干个专题设计工作室，每一个专题设计工作室均代表了设计的一个特定的方向，如城市设计专题、人居设计专题、建构设计专题和技术设计专题。以设计工作室组织教学，形成垂直式总体教学架构，建筑学专业一至五年的设计教学可以划分为三个明确的阶段：第一年为基本训练阶段，独立于设计工作室；二到四年级为专题训练阶段，学生以学期为单元自由选择不同设计工作室；第五年是本科生毕业设计阶段，划归到设计工作室进行整合。为了体现学生建筑设计能力的基础、深化和研究三个不同阶段，设计教学的垂直式三段架构必须要与教学大纲中必修、选修和专题研究三段式架构取得一致。

4. 设计工作室实践教学评价

设计工作室实践教学评价起到检查、反馈、激励、研究、定向、管理等多方面作用，对于整个建筑教育实践教学过程的开展和完善有着长远的意义。按评价时间可分为过程评价和最终评价。过程评价是课程开展阶段性的评价，最终评价是课程结束后做出的总评价，两者结合避免了“一纸”正图定成绩的传统，对实践教学形成了客观的整体评价。按评价主体可分为自评、他评和互评。自评是学生作为评价主体对方案的评价，他评是其他评价主体对方案的评价，互评是不同评价主体共同参与讨论方案的评价。加入多元化的评价主体，包括设计团队教师学生、执业建筑师、城市规划师、建筑评论家、建筑工程师和开发商等与建筑相关的社会人士，从多方面得到反馈信息，最终形成一套完善的建筑教育实践教学评价框架。

四、典型建筑教育设计工作室营造探索

作为高等院校建筑教育实践平台的物质载体，设计工作室不仅要为实践教学提供空间场地，而且应体现出建筑教育与职业实践的内涵。建筑教育实践的发展以及实践教学方式的改变势必引起对所处空间环境需求的改变。笔者将以亲自参与的建筑系建筑设计工作室建设为例，分析其建筑空间设计的特征，以更好地阐述理论研究成果，总结经验开拓思路，为今后的设计提供参考。

1. 设计工作室空间构成

作为建筑教育核心的设计工作室并不仅仅是一个教学场地，更包含一套教授学生如何设计的实践方法，未来的建筑从业者将于此形成他们正确的工作态度以及个性化的学习方法。设计工作室的基本功能空间应包括工作空间、展览空间、交流空间、办公空间等四部分（图2），室内空间设计概念源于开放式办公理念，采用木材、金属、玻璃等多种材料组成的具有深度和复杂性的和谐体验空间，有助于设计师在有创造性的环境中工作并享受其中（图3）。

工作空间作为设计工作室的主体空间，利用开敞式大空间设计容纳学生绘图、制作模型、集体讨论等多种活动，是学生平时进行项目设计的主要实践空间。结合职业建筑师工作模式，以导师制设计小组为单位，打破原有的班级制，每个小组人数在25人左右。

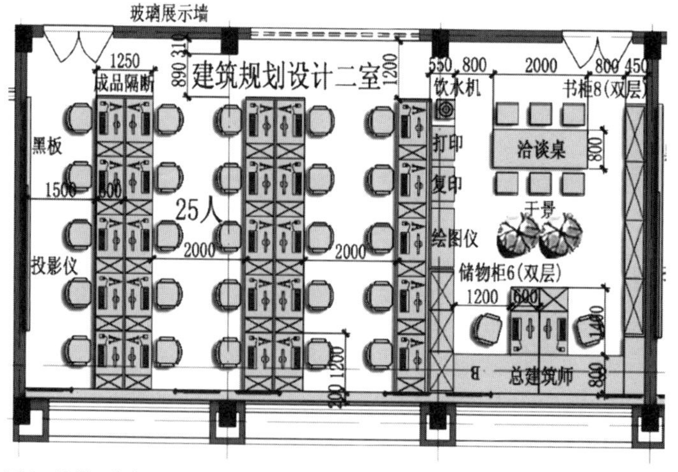

图2　设计工作室平面图

图 3　设计工作室空间实景

展览空间是一种多功能空间，是学生交往的一个平台，在促进各年级、各专业学生相互学习的同时，也起到对外宣传学术水平与设计成果的作用。利用走廊、展橱、展板、栅格墙、模型架等形式展出学生优秀作品，包括图纸、模型、电子影像等，营造出轻松的展示环境。

交流空间顺应开放式讨论的要求，空间设计围绕洽谈桌为中心，配置资料柜、绘图仪、打印机等家具设备，有利于学生与建筑师直接沟通，形成较好的学术氛围。

办公空间模拟真实的建筑设计企业，长期配备两名总建筑师进行项目安排、设计协调、审图校对等工作，营造出良好的职业氛围和环境，学生以项目为依托进行专业学习直接参与职业实践。

2. 设计工作室家具设计

工作室的家具设计根据使用者需要，主要包括电脑工作台、洽谈桌、模型陈列柜、期刊柜、书柜和低柜等（图 4）。家具设计是否合理对实践教学活动影响很大，它决定了设计工作室

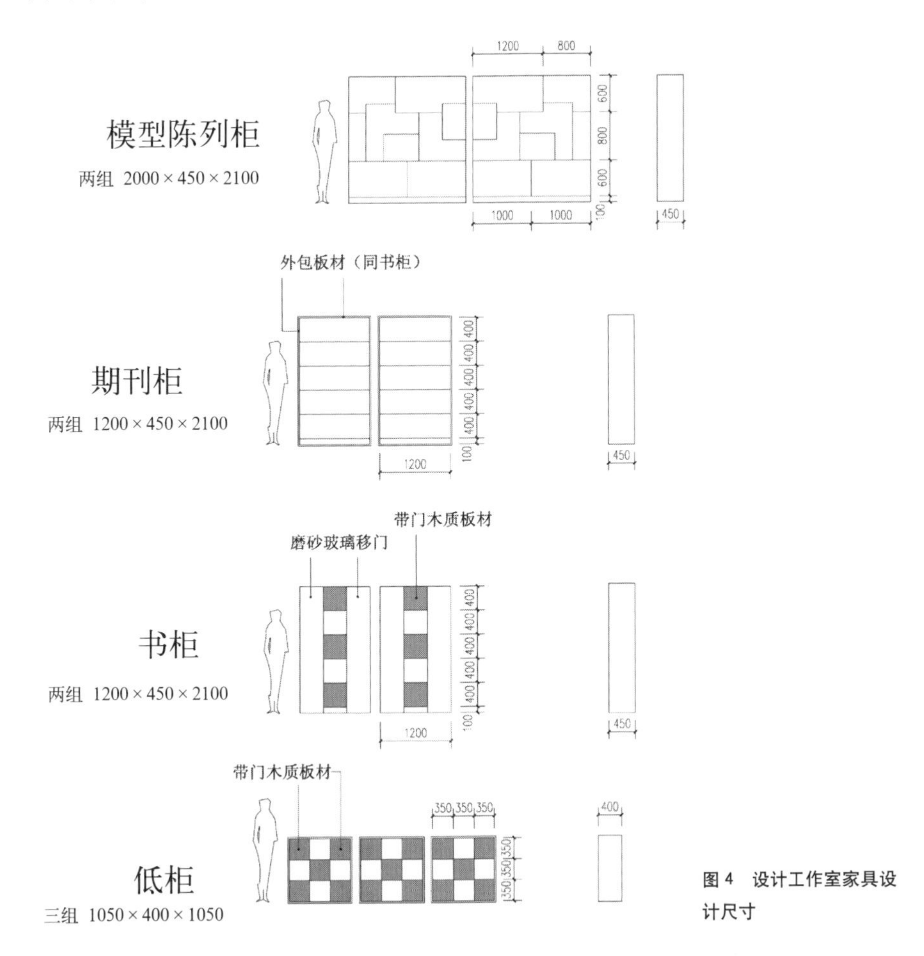

图 4　设计工作室家具设计尺寸

内部空间环境的舒适性。

电脑工作台：桌面尺寸以适宜摆放电脑屏幕与设计图纸为准，常见为 1200×600mm，在电脑绘制的同时可以将图纸工具放在手边深化设计。工作台布置以行列式组合为主，便于分组讨论与协同合作。

模型陈列柜：设计以不规则花格栅分隔，以陈列优秀项目和学生作品的模型为主，尺寸为 2100×2000×450mm。陈列柜布置在设计工作室玻璃展示墙与走廊附近，起到对外展示、对内学习的作用。

期刊柜、书柜：作为各类建筑规划类期刊与书籍的搁置空间，尺寸为 2100×1200×450mm，柜体分隔为 5 层，符合专业图书尺寸大小。期刊柜设计了斜面板搁置当期刊物，过刊内部储藏，书柜中间设计分隔柜放置书籍，两侧竖向磨砂玻璃移门内部放置纸质图纸类资料。

展示低柜：因建筑方案设计成果多以 A3 精装文本为主，设计运用木质方形面板实虚韵律变化设计分隔，用以保留方案设计成果，并方便取阅，尺寸为 1050×1050×400mm。集中储存的优点在于节约了室内空间，并提高了工作效率。低柜上方可以搁置绿化与展品，改善了内部空间环境。

五、结语

建筑学专业教学围绕"实践"展开，实践导向的课程强调围绕建筑师职业能力这一目标来整合理论与实践，把实践作为整合理论的依据，形成实践教学体系。为此，教学环境的建设尤其是建筑教育实践平台建设也遵循这一整合原则，通过运用多学科交叉融合方法，构建功能集约、资源优化、开放充分、运作高效的建筑教育实践平台，探索提高建筑人才创新实践能力的新机制。高等院校建筑教育实践平台的建设从建筑教育开放实践平台建设模式和专业实践教学体系两方面，探求适合高等院校建筑教育实践平台建设的正确发展途径，对跨学科发展视角下的建筑教育工作具有重要意义。

注释：

[1] 朱宏宇. 面向新的专业精神——建筑教育中的跨学科协作 [J]. 世界建筑，2004(3)：85–87.
[2] 贾倍思. "开放建筑"历史回顾及其对中国当代住宅设计的启示 [J]. 建筑学报，2013(1)：20–26.
[3] 吴良镛. 北京宪章 [M]. 北京：清华大学出版社，2002.
[4] 刘晓雪. 天津大学建筑学院建筑设计教学改革方法研究初探 [D]. 天津大学，2005.
[5] 詹笑冬. 建筑教育中的工作室教学模式研究 [D]. 浙江大学，2013.
[6] 李麟学. 建筑设计教学中对建筑实践体系的关注 [J]. 城市建筑，2012(11)：133–134.

作者：徐怡珊，西安交通大学人居环境与建筑工程学院　讲师；周典，西安交通大学人居环境与建筑工程学院　副院长，教授

文化传承视角下历史文化街区的改造

——以成都宽窄巷子的改造为例

徐菁菁

From the Perspective of Cultural Heritage on the Reconstruction of Historic Cultural Area ——Based on Analysis of the Reconstruction of Wide Lanes and Narrow Lanes in Chengdu

■摘要：历史文化街区作为珍贵的历史文化遗迹，承载了厚重的历史积淀，是延续和发展城市历史和文化的载体。本文以成都宽窄巷子为例，深入探寻其承载的多元文化价值，阐述了宽窄巷子基于文化传承的改造与更新，并引发了对于目前改造存在问题的思考。
■关键词：历史文化街区　文化传承　保护与改造
Abstract:Historic cultural areas are precious cultural heritage and the carrier of history and culture of the city. Based on analysis of the reconstruction of Wide Lanes and Narrow Lanes in Chengdu, the passage explodes its multiple cultural value and clarifies the construction and renewal from the perspective of cultural heritage. The passage also reflects on the existing problems of construction currently.
Key words: Historic Cultural Area ; Cultural Heritage ; Conservation and Construction

成都古城拥有三大国家级历史文化保护区，其中大慈寺和文殊院历史文化保护区属于同一类型，都是以宗教建筑为核心的多功能商住区，而宽窄巷子则是以居住为主，非成都本土特色的历史文化保护区，是成都历史文化名城保护体系中的重要组成部分。作为老成都"千年少城"城市格局和百年原真建筑格局的最后遗存，北方的胡同文化和建筑风格在南方的"孤本"，宽窄巷子真切地反映了百姓原生态的生活民俗风貌。

1　宽窄巷子承载的多元价值

1.1　历史价值

清朝初年，清政府在成都城西整修少城，作为满蒙八旗及其家属的居住区。乾隆四十一年，因为成都的重要军事地位，清始设成都为驻防将军统辖，驻防将军所住官衙称为将军衙门。少城格局，形如蜈蚣，以将军衙门为蜈蚣头，长顺街为脊，42 条兵街分别在长顺街的两侧，宽、窄、井巷子就是满城之中被保留下来的三条。

1.2　建筑文化价值

宽窄巷子建筑布局和营造颇具特色，集中代表了清代、民国时期的营造工艺。建筑结构有清代的木结构以及民国时期的砖木结构。建筑沿街立面保存基本完好，细节很丰富，有四合院式的建筑、川西民居风格的建筑、民国时期建筑、中西合璧式建筑。虽然都有些许残破，但是各自的风格和艺术造诣都具有较高的价值。

这些不同时期的建筑和谐相处，共同构成了承载着原汁原味的老成都传统市井生活的场所空间，新旧参差的建筑肌理犹如一部历史画卷，真切地反映着老成都近代以来百年历史的演变。

1.3　空间形态价值

宽窄巷子规划区内，成都古少城“鱼刺”胡同的空间格局完整地保留了下来，原真营房与民居合而为一的街区及庭院形态也基本保留。街区内，由街到巷，再到门厅、院落的空间层次非常清晰明确，丰富完整。由于建筑高度与街巷宽度适度，庭院空间和建筑空间尺度亲切宜人。

1.4　社会文化价值

宽窄巷子的市井文化主要来自于居民的生活，是居民的生活形态的一种体现，反映的是生活中遇到的喜怒哀乐。宽窄巷子因历史的发展不同，后来居住人的生活方式就不同。不同的生活习惯会和建筑的形式产生很大的关系，而街巷独有的生活文化又与建筑的不同空间功能紧密联系。

在宽窄巷子里很多院落门前都带有一个户外交流休息的灰空间，在他们的生活中已经将生活的空间领域延伸到了户外。各个住户的区域领域感都不是很强，生活会在这样的街巷空间里相互渗透，在实际的活动方式上也就具有了渗透性。这样的气息让街巷空间具有了强烈的复合性，是无序的市井生活所产生的无意识结果。这是个有趣的文化，是一种无法复制不可预料的生活文化。

2　宽窄巷子的保护与改造

2.1　建筑的保护与改造

宽窄巷子按照统一的规划将整个区域分为核心区和环境协调区。对于核心区的建筑，按照原有的古旧建筑特征进行修复（图 1，图 2），使用传统的建筑材料、建筑样式、施工工艺，确保原真性的建筑风貌。其余建筑在保持原有风貌的基础上，进行少量的改建，采取隐蔽性维修加固，或是替换部分毁坏部件。对经评估之后没有保护价值的建筑进行重新设计，除了大量采用传统木结构外，部分使用局部加固、钢结构、钢筋混凝土等多种结构形式；建筑风格除了传统民国建筑的砖墙立面造型外，可以适当加入玻璃与钢元素体现一定的现代感。保护改造工作充分利用现代化的技术手段，遵循科学可持续的发展观念。

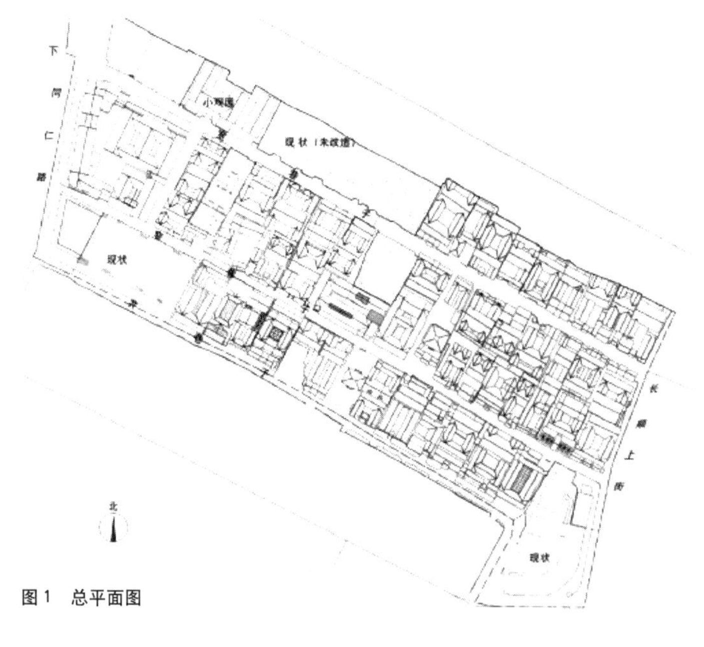

图 1　总平面图

图 2　古建筑的保护性修复

2.2 维持原状的地段肌理

肌理是城市形态的特征之一，是在一定时间内人们主观意识在空间中的体现，展现了城市文化的积淀。宽窄巷子的精华就在于街巷格局和院落空间，维持原状的地段肌理就要完整保留宽巷子、窄巷子、井巷子三条传统街巷；尽可能地保护传统院落，对遭到破坏的院落进行相应的整治和恢复，使整个街区维持清末民初时期的院落形态。

2.3 建筑高度和尺度的控制

历史街区的建筑高度和尺度的控制是协调历史街区建筑风貌的重要手段。重新设计的建筑按照原有高度加以恢复，大多为一至两层，而宽巷子宽度约 7m，窄巷子宽度约 5m，也就形成了 1：1 ～ 1：2 的街道高宽比（图 3），尺度与空间亲切宜人。

2.4 居住方式的调整

改造前由于宽窄巷子住户太多，面积太小，基础设施的条件不能满足现代生活的需要，大部分原住民选择迁出。改造之后的核心保护区原住民只有四户,入住人口多为商业经营者。实施过程虽然以动迁居民为主，但在可持续性保护的策略之下，不仅对搬迁居民实施了优惠条件，还增加了多种居民参与的形式。"有的原住民加入到合作建设、自我修缮的行列，也有采用回迁的方式，这些都使宽窄巷子保持了原有的生命活力。[1]"

2.5 街区功能及文化定位

科学的业态规划是保护与改造的一个重要方面。项目根据三条巷子的不同感觉，将其分别定位为体验老成都生活的宽巷子、感受成都慢调生活的窄巷子以及具有现代时尚感新生活的井巷子。将一些具有院落景观的中餐厅、具有格调的茶文化和民俗展示功能的博物馆布置在宽巷子，而在窄巷子则布置了法式浪漫西餐和创意特色餐饮。那些具有时尚动感的酒吧和情调的夜店则布置在新生活的井巷子。三条巷子承载着不同的文化氛围，并以相应的产业布置进行匹配，形成了独具文化特色的业态组团。

3 宽窄巷子改造过程存在的问题

宽窄巷子改造的核心文化内涵是保留并延续传统民居中所蕴含的成都特色化的休闲生活，使其与成都现代城市生活模式相协调，让这种传统文化精神在城市的不断发展演变中获得可持续传承。

3.1 街区格局的非整体性保护

宽窄巷子并非是一个独立的环境，而是与周围的城市环境紧密联系的。开发者没有把

图 3 适宜的街道高宽比

整个街区与周边建立一个彼此联系的网络系统，仅仅考虑了街区本身的保护和复兴，使人们感到宽窄巷子是被紧紧夹在几条交通最繁忙的城市道路之间。

3.2 市井生活的缺失

老宽窄巷子的神韵在于其悠长，相对而开的大门给住户们带来了“低头不见抬头见”的交流机会，近邻的和谐相处逐渐融合成为市井人情。中间的巷子不再是一种单纯的交通空间，更像是一种邻里的交流空间。随着大量外来人口的迁入和部分原住民的迁出，现在门对门的并不是住户而是商铺，巷子的交流功能基本丧失，过度的商业化导致人群拥挤，平等和谐的关系转变成了商业竞争关系。

这种历史街区居民发生的快速置换，带来了街区的原有生活方式发生改变，历史文化街区独特而浓厚的民俗民风得不到延续。城市记忆是构成历史文脉的基础，是在长期的积累中逐渐沉积而成的。城市记忆的主体，即居民的快速变化必然打破这一平衡。

3.3 体验模式的单一

宽窄巷子改造的核心文化内涵是将成都传统的特色休闲生活与现代城市生活模式相协调，让这种传统文化精神在城市的不断发展演变中可持续的传承。但是由于宽窄巷子的商业业态以餐饮为主，游客并不能体验到街区文化的独特性和唯一性。历史街区通过商业化注入活力的同时，应该综合考虑其内在的历史文化价值，业态构成应符合街区本身所蕴含的文化和历史氛围，而不是现在单一的餐饮和酒吧。

4 结语

文化是城市的灵魂，而历史文化街区又是城市文化珍贵的物质载体。城市的发展与更新并不是与过去决裂，而是要对历史进行延续。在这个过程中，最大限度地在“保护”和“发展”之间寻求一种平衡显得尤为关键。只有树立起一种对历史街区可持续的保护发展观，才能让其不断地焕发更加长久的生命力。

注释：

[1] 刘伯英，黄靖．成都宽窄巷子历史文化保护区的保护策略 [J]. 建筑学报，2010 (2)：44–99.

参考文献：

[1] 胡晓．原真性视角下的成都宽窄巷子保护性改造研究和反思 [D]. 重庆：重庆大学，2015.

[2] 佘龙．成都宽窄巷子历史文化保护区保护与利用研究 [D]. 成都：西南交通大学，2004.

[3] 丁宇辉．从传承历史文化价值的角度看历史街区的保护与发展——以成都宽窄巷子的改造为例 [J]. 四川建筑，2012 (08)：4–6.

[4] 喻敏，岁谦．中心城区内的历史街区复兴与城市触媒 [J]. 四川建筑，2011 (08)：38–42.

[5] 刘伯英，黄靖．成都宽窄巷子历史文化保护区的保护策略 [D]. 北京：建筑学报，2010 (2)：44–49.

[6] 刘明霞．成都宽窄巷子历史街区外部空间规划建成后评析 [D]. 北京：清华大学，2012.

图片来源：

图 1：《成都宽窄巷子历史文化保护区的保护策略》。

图 2、图 3：笔者自摄。

作者：徐菁菁，东南大学建筑学院 本科生

《中国建筑教育》2016·专栏预告及征稿

《中国建筑教育》由全国高等学校建筑学学科专业指导委员会，全国高等学校建筑学专业教育评估委员会，中国建筑学会和中国建筑工业出版社联合主编，是教育部学位中心在2012年第三轮全国学科评估中发布的20本建筑类认证期刊（连续出版物）之一，主要针对建筑学、城市规划、风景园林、艺术设计等建筑相关学科及专业的教育问题进行探讨与交流。

《中国建筑教育》每期固定开辟“专题”栏目——每期设定核心话题，针对相关建筑学教学主题、有影响的学术活动、专指委组织的竞赛、社会性事件等制作组织专题性稿件，呈现新思想与新形式的教育与学习前沿课题。

近期，《中国建筑教育》主要专栏计划安排如下（出版先后顺序视实际情况调整）：

1. 专栏**“建筑类学术论文的选题与写作”**
2. 专栏**“建筑／城规／风景园林历史与理论教学研究”**
3. 专栏**“城市设计教学研究”**
4. 专栏**“数字化建筑设计教学研究”**
5. 专栏**“乡村聚落改造与历史区域更新实践与教学研究”**

《中国建筑教育》其他常设栏目有：建筑设计研究与教学、建筑构造与技术教学研究、联合教学、域外视野、众议、建筑教育笔记、书评、教学问答、名师素描、建筑作品、作业点评等。以上栏目长期欢迎投稿！

《中国建筑教育》来稿须知

1. 来稿务求主题明确，观点新颖，论据可靠，数据准确，语言精练、生动、可读性强，稿件字数一般在3000–8000字左右（特殊稿件可适当放宽），“众议”栏目文稿字数一般在1500–2500字左右（可适当放宽）。文稿请通过电子邮件（Word文档附件）发送，请发送到电子信箱2822667140@qq.com。

2. 所有文稿请附中、英文文题，中、英文摘要（中文摘要的字数控制在200字内，英文摘要的字符数控制在600字符以内）和关键词（8个之内），并注明作者单位及职务、职称、地址、邮政编码、联系电话、电子信箱等（请务必填写可方便收到样刊的地址）；文末请附每位作者近照一张（黑白、彩色均可，以头像清晰为准，见刊后约一寸大小）。

3. 文章中要求图片清晰、色彩饱和，尺寸一般不小于10cm×10cm；线条图一般以A4幅面为适宜，墨迹浓淡均匀；图片（表格）电子文件分辨率不小于300dpi，并单独存放，以保证印刷效果；文章中量单位请按照国家标准采用，法定计量单位使用准确。如长度单位：毫米、厘米、米、公里等，应采用mm、cm、m、km等；面积单位：平方公里、公顷等应采用km^2、hm^2等表示。

4. 文稿参考文献著录项目按照GB7714–87要求格式编排顺序，即：

（1）期刊：全部作者姓名．书名．文题．刊名．年，卷（期）：起止页

（2）著（译）作：全部作者姓名．书名．全部译者姓名．出版城市：出版社，出版年．

（3）凡引用的参考文献一律按照尾注的方式标注在文稿的正文之后。

5. 文稿中请将参考文献与注释加以区分，即：

（1）参考文献是作者撰写文章时所参考的已公开发表的文献书目，在文章内无需加注上脚标，一律按照尾

注的方式标注在文稿的正文之后，并用数字加方括号表示，如[1]，[2]，[3]，…。

（2）注释主要包括释义性注释和引文注释。释义性注释是对文章正文中某一特定内容的进一步解释或补充说明；引文注释包括各种引用文献的原文摘录，要详细注明节略原文；两种注释均需在文章内相应位置按照先后顺序加注上标标注如[1]，[2]，[3]，…，注释内容一律按照尾注的方式标注在文稿的正文之后，并用数字加方括号表示，如[1]，[2]，[3]，…，与文中相对应。

6. 文稿中所引用图片的来源一律按照尾注的方式标注在注释与参考文献之后。并用图1，图2，图3…的形式按照先后顺序列出，与文中图片序号相对应。

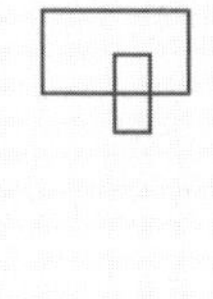

（扫描二维码，查看竞赛相关事宜）

【主办】
《中国建筑教育》编辑部
北京清润国际建筑设计研究有限公司
全国高等学校建筑学专业指导委员会

【承办】
《中国建筑教育》编辑部
东南大学建筑学院

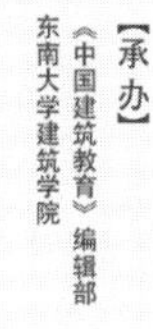

【评审委员会主任】
仲德崑 沈元勤 王建国 王莉慧

【本届轮值评审委员】（以姓氏笔画为序）
马树新 王建国 王莉慧 仲德崑 庄惟敏 刘克成 孙一民
李 东 李振宇 张 颀 赵万民 梅洪元 韩冬青

【评审委员会秘书】
屠苏南 陈海娇

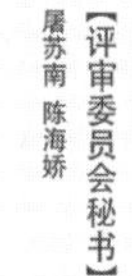

出题人：韩冬青

竞赛题目：历史作为一种设计资源 <本、硕、博学生可选>

历史是客观的存在，对历史的诠释和传承却隐含着今人的认知意识与方法。历史由此延伸到当下及未来的生活情景之中。历史不仅意味着一种记忆的存储，更可以转化为当今的设计资源，以观念的启迪、意境的呈现、格局的铺陈、空间的驾驭、建造的匠心等等丰富的意念和形态融化到当下和未来建筑环境的设计之中。我们的论述将致力于探索设计进程中对历史宝藏的多视角、多层面的发掘和诠释，并使之转化为某种创造性的运用策略，使沉淀的历史在当代的设计中展现出新的文化活力。

请根据以上内容深入解析，立言立论；**竞赛题目可根据提示要求自行拟定。**

奖　励：一等奖　2名（本科组1名、硕博组1名）　奖励证书＋壹万元人民币整
　　　　二等奖　6名（本科组3名、硕博组3名）　奖励证书＋伍仟元人民币整
　　　　三等奖　10名（本科组5名、硕博组5名）　奖励证书＋叁仟元人民币整
　　　　优秀奖　若干名　奖励证书
　　　　组织奖　3名（奖励组织工作突出的院校）　奖励证书

征稿方式：1.学院选送：由各建筑院系组织在校本科、硕士、博士生参加竞赛，有博士点的院校需推选论文8份及以上，其他学校需推选4份及以上，于规定时间内提交至主办方，由主办方组织评选。
　　2.学生自由投稿。

论文要求：1.参选论文要求未以任何形式发表或者出版过；
　　2.参选论文字数以5000～10000字左右为宜，本科生取下限，研究生取上限，可以适当增减，最长不得超过12000字。
　　3.论文全文引用率不超过10%。

提交内容：1.“论文正文”一份（word格式），需含完整文字与图片排版，详细格式见章程附录2；
　　2.“图片”文件夹一份，单独提取出每张图片的清晰原图（jpg格式）；
　　3.“作者信息”一份（txt格式），内容包括：论文名称、所在年级、学生姓名、指导教师、学校及院系全名；
　　4.“在校证明”一份（jpg格式），为证明作者在校身份的学生证复印件或院系盖章证明。

提交方式：1.在《中国建筑教育》官网评审系统注册提交（http://archedu.cabp.com.cn/ch/index.aspx）（由学院统一选送的文章亦需学生个人在评审系统单独注册提交）；
　　2.同时发送相应电子文件至信箱：2822667140@qq.com（邮件主题和附件名均为：参加论文竞赛-学校院系名-年级-学生姓名-论文题目-联系电话）。
　　3.评审系统提交文件与电子邮件发送内容需保持一致。具体提交步骤请详见章程附录1。

联系方式：010-58337043 陈海娇；010-58934311 柳涛。

截止日期：2016年9月12日（以评审系统和电子邮件均送达成功为准，编辑部会统一发送确认邮件；为防止评审系统压力，提醒参赛者错开截止日期提交）。

参与资格：全国范围内（含港、澳、台地区）在校的建筑学、城市规划学、风景园林学以及其他相关专业背景的学生（包括本科、硕士和博士生），并欢迎境外院校学生积极参与。

评选办法：本次竞赛将通过预审、复审、终审、奖励四个阶段进行。

颁　奖：在今年的全国高等学校建筑学专业院长及系主任大会上进行，获奖者往返旅费及住宿费由获奖者所在院校负责（如为多人合作完成的，至少提供一位代表费用）。

发　表：获奖论文将择优刊发在《中国建筑教育》上，同时将两年为一辑由中国建筑工业出版社结集出版。

其　他：1.本次竞赛不收取参赛者报名费等任何费用。
　　2.本次大奖赛的参赛者必须为在校的大学本科生、硕士或博士生，如发现不符者，将取消其参赛资格。
　　3.参选论文不得一稿两投。
　　4.论文全文不可涉及任何个人信息、指导老师信息、基金信息或者致谢等内容，论文如需备注基金项目，可在论文出版时另行补充。
　　5.参选论文的著作权归作者本人，但参选论文的出版权归主办方所有，主办方保留一、二、三等奖的所有出版权，其他论文可修改后转投他刊。
　　6.参选论文不得侵害他人的著作权，要求未以任何形式发表或者出版过，如有发现，一律取消参赛资格。
　　7.论文获奖后，不接受增添、修改参与人。
　　8.每篇参选文章的作者人数不得超过两人，指导老师人数不超过两人，凡作者或指导老师人数超过两人为不符合要求。
　　9.具体的竞赛【评选章程】、论文格式要求及相关事宜：
　　请通过《中国建筑教育》官网评审系统下载（http://archedu.cabp.com.cn/ch/index.aspx）；
　　请通过“专指委”的官方网页下载（http://www.abbs.com.cn/nsbae/）；
　　关注《中国建筑教育》微信平台查看（微信订阅号：《中国建筑教育》）。

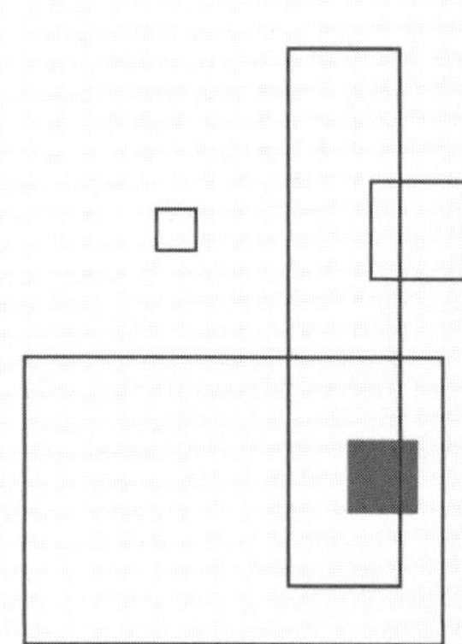

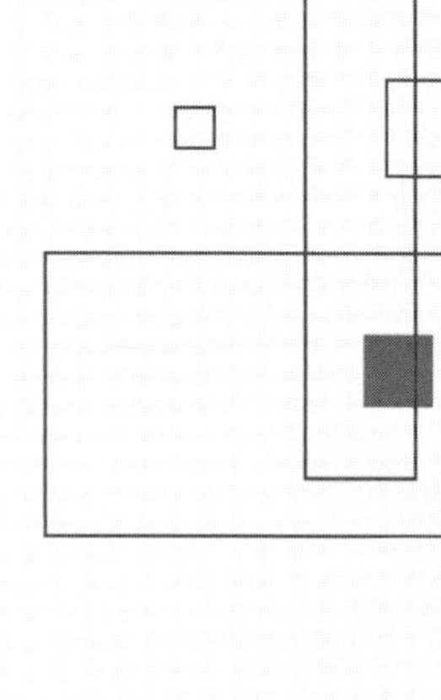